全国一级造价工程师职业资格考试红宝书

建设工程技术与计量（土木建筑工程）

经典真题解析及预测

2023版

主　编　左红军

副主编　孙　琦

主　审　吴新华　赵建玲

机械工业出版社

本书以全国一级造价工程师职业资格考试大纲及教材为纲领，以现行标准规范为依据，以历年真题为载体，在突出考点分布和答题技巧的同时，兼顾本科目知识体系框架的建立，并与案例分析相呼应，提供工程造价的依据和方法。

本书通过经典真题与考点的筛选、解析，使考生能够极为便利地抓住应试要点，并通过经典题目将考点激活，从而解决了死记硬背的问题，真正做到“三度”。

“广度”——即考试范围的锁定，本书通过对考试大纲及命题考查范围的把控，确保覆盖90%以上的考点。

“深度”——即考试要求的把握，本书通过对历年真题及命题考查要求的解析，确保内容的难易程度适宜，与考试要求契合。

“速度”——即学习效率的提高，本书通过对历年真题及命题考查热点的筛选，确保重点突出60%的常考、必考内容，精准锁定55%的2023年考试要求掌握的内容，剔除10%的偏僻内容和老套过时的题目，做到有的放矢，提高学习效率。

本书适用于2023年参加全国一级造价工程师职业资格考试的考生，同时还可作为建造工程师和监理工程师考试的重要参考资料。

图书在版编目（CIP）数据

建设工程技术与计量（土木建筑工程）经典真题解析及预测：2023版/左红军主编．—3版．—北京：机械工业出版社，2023.3（2023.7重印）
全国一级造价工程师职业资格考试红宝书
ISBN 978-7-111-72725-5

Ⅰ.①建…　Ⅱ.①左…　Ⅲ.①土木工程-建筑造价管理-资格考试-题解
Ⅳ.①TU723.3-44

中国国家版本馆CIP数据核字（2023）第036759号

机械工业出版社（北京市百万庄大街22号　邮政编码100037）
策划编辑：王春雨　　　　责任编辑：王春雨
责任校对：李小宝　梁　静　封面设计：马精明
责任印制：常天培
北京机工印刷厂有限公司印刷
2023年7月第3版第2次印刷
184mm×260mm・14.25印张・324千字
标准书号：ISBN 978-7-111-72725-5
定价：49.00元

电话服务　　　　　　　　　网络服务
客服电话：010-88361066　　机　工　官　网：www.cmpbook.com
　　　　　010-88379833　　机　工　官　博：weibo.com/cmp1952
　　　　　010-68326294　　金　　书　　网：www.golden-book.com
封底无防伪标均为盗版　　机工教育服务网：www.cmpedu.com

本书编审委员会

主　　编　左红军

副 主 编　孙　琦

主　　审　吴新华　赵建玲

编写人员　左红军　孙　琦　黄　露　屈在艳　田　壮　张　林
高　洁　管文喜　颜秋维　王娅梅　张冬艳　许　慧
尚永群　陈汝创　王　宁　杨　艳　郑泽成　曾玉萍
孔凡华　苏彦虎　熊武平　王彦丰　江　尧　张思东
刘小春　曹　邓　文远波　张爱权　李　婧　刘颖婕
魏玉敏　蔡秋生　严啸彬　杨悦航

前　　言

——65 分须知

本书严格按照现行的法律、法规和计量计价规范的要求，对经典真题进行了体系性的解析，从根源上解决了“知识繁杂难掌握、范围太大难锁定”的应试困扰。

经典真题是本考试科目命题的风向标，也是考生顺利通过全国一级造价工程师职业资格考试的生命线，在搭建框架、锁定题型、实操细节三部曲之后，对本书中的经典真题反复精练 3 遍，65 分（60 分及格，另外 5 分为保险分）就会指日可待。所以，经典真题解析是考生应试的必备法宝。本书的主要内容概括如下。

一、框架纲领

1. 第一章

本章知识的典型特点是“会者不难”，要求考生通过老师深入浅出、高度概括的讲解，迅速掌握工程地质的基本理论，结合生活及工作的实际辅以理解，然后通过相应的习题练习加以巩固。

2. 第二章

本章的难点在于专业性较强，专业术语和理论知识较多，且晦涩难懂，外专业考生很难在短时间内全面掌握。

3. 第三章

本章内容以三大主材为重点，以功能材料为难点，涉及工程造价的源头，应把握材料的性能和适用范围。

4. 第四章

本章内容以施工程序为主线，从土建主体、土建装饰到交通工程，重点在于基础工程。

5. 第五章

这是全书的重点之所在，分值在 30 分±2 分，既是工程造价的实操基础，也是案例分析第五题的主干，要求考生必须精益求精。

二、考试题型

1. 单项选择题（60 分）

（1）规则　4 个备选项中，只有 1 个最符合题意。

（2）要求　在考场上，题干读 3 遍，细想 3 秒钟，看全备选项。

（3）例外　没有复习到的考点先放行，可能多项选择题部分对其有提示。

（4）技巧　设置计算题的目的在于通过数字考查概念；综合单项选择题在于考核专

业语感；有正反选项的单项选择题，其正确答案必是其中一个；A、B、C、D 选项概率均等。

2. 多项选择题（40 分）

（1）程序规则　①至少有 2 个备选项是正确的→②至少有 1 个备选项是错误的→③错选，不得分→④少选，每个备选项得 0.5 分。

（2）依据①　如果用排除法已经排除 3 个备选项，剩下的 2 个备选项必须全选！

（3）依据②　如果每个备选项均不能排除，说明该考点基本上已经掌握，但没有完全掌握到位，怎么办？在考场上你应当怎么办？必须按照程序规则②执行！

（4）依据③　如果已经选定了 2 个正确的备选项，第 3 个不能确定，在考场上你应当怎么办？必须按照程序规则③执行！

（5）依据④　如果该考点是根本就没有复习到的极偏的专业知识，在考场上你应当怎么办？必须按照程序规则④执行！

上述一系列的怎么办，请考生参照经典真题解析中的应试技巧，不同章节有不同的选定方法，但总的原则是“胆大心细规则定，无法排除 AE 并，两个确定不选三，完全不知 C 上挺”。

三、基本题型

根据问题的设问方法和考查角度，把本科目考试题型划分为四大类：综合论述题、细节填空题、判断应用题、计算题。

1. 综合论述题

这是近年来全国一级造价工程师考试客观题命题的热点及趋势，也是目前考试的主打题型。此类型题目最大的特点是考查的知识点多，涉及面广，要求考生系统而全面地掌握相关知识，增加了考试通过的难度。

在复习备考的过程中，考生需要系统而全面地对每科知识进行复习，通过知识体系框架的建立及习题练习，来保障对考试范围内知识点的覆盖程度。请注意，一级造价工程师的考试最重要的是对知识面的考查。

2. 细节填空题

细节填空题分为两类，一类是重要的知识点细节，即重要的期限、数字、组成、主体等；另外一类是对一些易混淆、易忽视、含义深的知识点的考查，题中会根据考生平时的惯性思维、复习盲区等制造干扰选项来扰乱思维。

由于这类题具有比较强的规律性，在复习备考的过程中，考生应当通过经典真题的练习和老师的讲解，对这些知识点进行重点标注、归纳总结。

3. 判断应用题

这种题型是考试的难点题型，需要考生对工程经济的专业概念、理论、规范有着深入而清醒的认识和理解，能够站在工程经济的角度，运用有关知识和工具对项目建设过程中出现的实际问题进行分析判断，并进行合理有效的处理。

这部分知识点需要考生借助专业人士或辅导老师深入浅出的讲解，在理解的基础上系统掌握，而不是机械地背诵或记忆。而这类题也是考试改革和命题趋势所向，同时对考生实际的建设工程项目管理工作有很强的规范和指导意义。

4. 计算题

历年建设工程技术与计量科目考试计算题的分值都在 6 分左右，很多考生认为是难点，但其实本科目考试的计算题并不复杂，考点基本集中在第二章和第四章，重点在于数字间对比记忆的技巧，结合总结，可以在短时间内掌握。这部分内容的特点在于一经掌握短时间内不会忘记，因此这部分内容应当是所有考生必须掌握的内容。

四、考生注意

1. 背书肯定考不过

在应试学习过程中，只靠背书是肯定考不过的。切记：体系框架是基础、细节理解是前提、归纳总结是核心、重复记忆是辅助。特别是非专业考生，必须借助经典真题解析中的大量图表去理解每一个模块的知识体系。

2. 勾画教材考不过

从 2014 年开始通过勾画教材进行押题已经成为“历史上的传说”，造价工程师考试的显著特点是以知识体系为基础的“海阔天空”，试题本身的难度并不大，但涉及的面太广。考生必须首先搭建起属于自己的知识体系框架，然后通过真题的反复演练，在知识体系框架中填充题型。

3. 只听不练难通过

听课不是考试过关的唯一条件，但听了一个好老师的讲课对你搭建知识体系框架和突破难点会有很大帮助，特别是非专业考生。听完课后要配合经典真题进行精练，反复校正答题模板，形成题型定式。

4. 先案例课后公共课，统一部署、区别对待

赢在格局，输在细节。“格局”即为一级造价工程师职业资格考试四科应统一部署，整个知识体系化，主次分明、分而治之，穿插迂回、各个击破。“细节”为日常的时间安排及投入，每个板块知识点最终聚焦为一个个考点，一道道真题，日积月累，滴水穿石。

在经典真题总结归纳的基础上，区别对待不同的知识体系。例如，建设工程造价管理侧重的是合同管理的理论和工具，建设工程计价侧重的是法定程序和计算依据。

建设工程造价案例分析是历年考试的重中之重，也是是否能够通过一级造价工程师考试的关键所在，同时建设工程造价案例分析又融合了三门客观题的主要知识内容，这就需要以建设工程造价案例分析为龙头形成体系框架，在此基础上跟进客观题，从而达到“案例带动客观题，客观题助攻案例”的目的。

5. 三遍成活

综上所述的大部分内容在本书中都有体现，因此要求考生对本书的内容做到三遍成活。

第一遍：重体系框架、重知识理解，本书通篇内容都要练习。

第二遍：重细节填充、重归纳辨析，对书中的考点、难点、重点要反复练习，归纳总结，举一反三。

第三遍：重查漏补缺、重错题难题，在考前最好的复习资料就是错题，错题是查漏补缺的重点。

五、超值服务

（1）红宝书备考交流群：群内定期更新不同备考阶段精品资料、课程、指导。微信群二维码：

（2）《2023 全章节高频考点速学课》视频，由左红军师资团队根据历年高频考点、最新考试方向精心录制，涵盖全章节核心考点精析。

（3）2023 最新备考资料：《2023 备考导学课》视频、《全阶段备考白皮书》（电子版）。

（4）1 对 1 伴学顾问：给读者持续发送最新备考资料、第一时间更新最新考前动态、辅助制定备考计划、监督学习进度等。

本书编写过程中得到了业内多位专家的启发和帮助，在此深表感谢！由于时间和水平有限，书中难免有疏漏和不当之处，敬请广大读者批评指正。

愿我们的努力能够帮助广大考生一次性通关取证！

编 者

目　录

第一章　工程地质

第一节　岩体的特征

考点一：岩体的结构
考点二：岩体的力学特性
考点三：岩体的工程地质性质

一、经典真题及解析

1. **【2022年真题】** 粒径大于2mm的颗粒含量超过全重50%的土，称为（　　）。

A. 碎石土　　B. 砂土

C. 黏性土　　D. 黏土

【解析】 参见教材第4页。

2. **【2022年真题】** 地震的建筑场地烈度相对于基本烈度进行调整的原因有场地内的（　　）。

A. 地质条件　　B. 地貌地形条件

C. 植被条件　　D. 水文地质条件

E. 建筑物结构

【解析】 参见教材第16页。

3. **【2021年真题】** 岩石稳定性定量分析的主要依据是（　　）。

A. 抗压强度和抗拉强度　　B. 抗压强度和抗剪强度

C. 抗拉强度和抗剪强度　　D. 抗拉强度和抗折强度

【解析】 参见教材第11页。

4. **【2021年真题】** 现实岩体在形成过程中，经受的主要地质破坏和改造类型有（　　）。

A. 人类破坏　　B. 构造变动　　C. 植被破坏

D. 风化作用　　E. 卸荷作用

【解析】 参见教材第1页。

5. **【2020年真题】** 下列造岩矿物中硬度最高的是（　　）。

A. 方解石　　B. 长石

C. 萤石　　D. 磷灰石

【解析】 参见教材第1页表1.1.1。

6.【2020年真题】经变质作用产生的矿物有（　　）。

A. 绿泥石　　B. 石英

C. 蛇纹石　　D. 白云母

E. 滑石

【解析】 参见教材第2页。

7.【2019年真题】方解石作为主要矿物成分常出现于（　　）。

A. 岩浆岩与沉积岩中　　B. 岩浆岩与变质岩中

C. 沉积岩与变质岩中　　D. 火成岩与水成岩中

【解析】 参见教材第2页表1.1.2。

8.【2018年真题】正常情况下，岩浆中的侵入岩与喷出岩相比，其显著特性为（　　）。

A. 强度低　　B. 强度高

C. 抗风化能力强　　D. 岩性不均匀

【解析】 参见教材第2页。

9.【2018年真题】以下矿物可用玻璃刻划的有（　　）。

A. 方解石　　B. 滑石　　C. 刚玉

D. 石英　　E. 石膏

【解析】 参见教材第1页表1.1.1。

10.【2017年真题】构造裂隙可分为张性裂隙和扭性裂隙，张性裂隙主要发育在背斜和向斜的（　　）。

A. 横向　　B. 纵向

C. 轴部　　D. 底部

【解析】 参见教材第7页。

11.【2017年真题】整个土体构成上的不均匀性包括（　　）。

A. 层理　　B. 松散　　C. 团聚

D. 絮凝　　E. 结核

【解析】 参见教材第3页。

12.【2016年真题】黏性土的塑性指数（　　）。

A. >2　　B. <2　　C. >10　　D. <10

【解析】 参见教材第4页。

13.【2016年真题】工程岩体分类有（　　）。

A. 稳定岩体　　B. 不稳定岩体　　C. 地基岩体

D. 边坡岩体　　E. 地下工程围岩

【解析】 参见教材第1页。

14.【2015年真题】对岩石钻孔作业难度和定额影响较大的矿物成分是（　　）。

A. 云母　　B. 长石

C. 石英　　D. 方解石

【解析】 参见教材第 1 页。

15. 【2015 年真题】岩体中的张性裂隙主要发生在（　　）。

A. 向斜褶皱的轴部　　B. 向斜褶皱的翼部　　C. 背斜褶皱的轴部

D. 背斜褶皱的翼部　　E. 软弱夹层中

【解析】 参见教材第 7 页。

16. 【2014 年真题】某基岩被 3 组较规则的 X 型裂隙切割成大块状，多数为构造裂隙，间距 0.5~1.0m，裂隙多为密闭，少有填充物，此基岩的裂隙对基础工程（　　）。

A. 无影响　　B. 影响不大

C. 影响很大　　D. 影响很严重

【解析】 参见教材第 6 页。

17. 【2013 年真题】褶皱构造是（　　）。

A. 岩层受构造力作用形成一系列波状弯曲且未丧失连续性的构造

B. 岩层受构造力作用形成一系列波状弯曲且丧失连续性的构造

C. 岩层受水平挤压力作用形成一系列波状弯曲而丧失连续性的构造

D. 岩层受垂直力作用形成一系列波状弯曲而丧失连续性的构造

【解析】 参见教材第 5 页。

18. 【2013 年真题】在有褶皱构造的地区进行隧道工程设计，选线的基本原则是（　　）。

A. 尽可能沿褶曲构造的轴部　　B. 尽可能沿褶曲构造的翼部

C. 尽可能沿褶曲构造的向斜轴部　　D. 尽可能沿褶曲构造的背斜核部

【解析】 参见教材第 6 页。

19. 【2013 年真题】常见的沉积岩有（　　）。

A. 辉绿岩　　B. 泥岩　　C. 石灰岩

D. 白云岩　　E. 大理岩

【解析】 参见教材第 2 页。

20. 【2011 年真题】结构面结合力较差的工程地基岩体的工程特性是（　　）。

A. 沿层面方向的抗剪强度高于垂直层面方向

B. 沿层面方向有错动比有软弱夹层的工程地质性质差

C. 结构面倾向坡外比倾向坡里的工程地质性质好

D. 沿层面方向的抗剪强度低于垂直层面方向

【解析】 参见教材第 8 页。

21. 【2010 年真题】道路选线难以避开地质缺陷，但尽可能使路线（　　）。

A. 处于顺向坡上方　　B. 处于顺向坡下方

C. 与岩层面走向接近正交　　D. 与岩层面走向接近平行

【解析】 参见教材第 6 页。

22. **【2010年真题】**大理岩属于（　　）。

A. 岩浆岩　　B. 变质岩　　C. 火成岩　　D. 沉积岩

【解析】 参见教材第2页。

23. **【2010年真题】**某断层下盘沿断层面相对下降，这类断层大多是（　　）。

A. 岩体受到水平方向强烈张应力形成的

B. 岩体受到水平方向强烈挤压力形成的

C. 断层线与褶皱轴方向基本一致

D. 断层线与拉应力作用方向基本垂直

E. 断层线与压应力作用方向基本平行

【解析】 参见教材第8页。

24. **【2019年真题】**结构面的物理力学性质中，对岩体物理力学性质影响较大的有（　　）。

A. 抗压强度　　B. 产状　　C. 平整度

D. 延续性　　E. 抗剪强度

【解析】 参见教材第14页。

25. **【2011年真题】**工程岩体沿某一结构面产生整体滑动时，其岩体强度完全受控于（　　）。

A. 结构面强度　　B. 节理的密集性

C. 母岩的岩性　　D. 层间错动幅度

【解析】 参见教材第9页。

26. **【2010年真题】**建筑物结构设计对岩石地基主要关心的是（　　）。

A. 岩体的弹性模量　　B. 岩体的结构

C. 岩石的抗拉强度　　D. 岩石的抗剪强度

【解析】 参见教材第9页。

27. **【2014年真题】**结构面对岩体工程性质影响较大的物理力学性质主要是结构面的（　　）。

A. 产状　　B. 岩性　　C. 延续性

D. 颜色　　E. 抗剪强度

【解析】 参见教材第14页。

28. **【2012年真题】**不宜作为建筑物地基填土的是（　　）。

A. 堆填时间较长的砂土　　B. 经处理后的建筑垃圾

C. 经压实后的生活垃圾　　D. 经处理后的一般工业废料

【解析】 参见教材第14页。

29. **【2012年真题】**关于地震烈度的说法，正确的是（　　）。

A. 地震烈度是按一次地震所释放的能量大小来划分的

B. 建筑场地烈度是指建筑场地内的最大地震烈度

C. 设计烈度需根据建筑物的要求适当调低

D. 基本烈度代表一个地区的最大地震烈度

【解析】 参见教材第 16 页。

30. 【2011 年真题】关于地震震级和烈度的说法，正确的是（　　）。

A. 建筑抗震设计的依据是国际通用震级划分标准

B. 震级高、震源浅的地震其烈度不一定高

C. 一次地震一般会形成多个烈度区

D. 建筑抗震措施应根据震级大小确定

【解析】 参见教材第 16 页。

31. 【2010 年真题】有关土的工程性质，说法正确的是（　　）。

A. 土的颗粒级配越好，其工程性质受含水量影响越大

B. 土的颗粒级配越差，其工程性质受含水量影响越大

C. 土的颗粒越大，其工程性质受含水量影响越大

D. 土的颗粒越小，其工程性质受含水量影响越大

【解析】 参见教材第 11 页。

32. 【2009 年真题】某岩石的抗压强度为 200MPa，其抗剪强度和抗拉强度可能约为（　　）。

A. 100MPa 和 40MPa　　B. 60MPa 和 20MPa

C. 10MPa 和 2MPa　　D. 5MPa 和 1MPa

【解析】 参见教材第 11 页。

33. 【2009 年真题】某竣工验收合格的引水渠工程，初期通水后两岸坡体出现了很长的纵向裂缝，并有局部地面下沉，该地区土质可能为（　　）。

A. 红黏土　　B. 软岩

C. 砂土　　D. 湿陷性黄土

【解析】 参见教材第 13 页。

34. 【2009 年真题】对于地震，工程建设不可因地质条件和建筑物性质进行调整的是（　　）。

A. 震级　　B. 建筑场地烈度　　C. 设计烈度

D. 基本烈度　　E. 震源深度

【解析】 参见教材第 15、16 页。

二、参考答案

题号	1	2	3	4	5	6	7	8	9
答案	A	ABD	B	BDE	B	ACE	C	B	ABE
题号	10	11	12	13	14	15	16	17	18
答案	C	AE	C	CDE	C	AC	B	A	B

（续）

题号	19	20	21	22	23	24	25	26	27
答案	BCD	D	C	B	BC	BDE	A	A	ACE
题号	28	29	30	31	32	33	34		
答案	C	D	C	D	B	D	ADE		

三、2023考点预测

考点一：矿物硬度

考点二：特殊土的特征

考点三：地震烈度

第二节 地下水的类型与特征

考点一：地下水的类型

考点二：地下水的特征

一、经典真题及解析

1. **【2022年真题】** 受气象水文要素影响，季节性变化比较明显的地下水是（　　）。

A. 潜水　　B. 自流盆地中的水

C. 岩溶承压水　　D. 自流斜地中的水

【解析】 参见教材第18页。

2. **【2021年真题】** 地下水中，补给区和分布区不一致的是（　　）。

A. 包气带水　　B. 潜水

C. 承压水　　D. 裂隙水

【解析】 参见教材第17页。

3. **【2021年真题】** 下列地下水中，属于无压水的有（　　）。

A. 包气带水　　B. 潜水

C. 承压水　　D. 裂隙水

E. 岩溶水

【解析】 参见教材第17页。

4. **【2020年真题】** 岩层以上裂隙水中的潜水常为（　　）。

A. 包气带水　　B. 承压水

C. 无压水　　D. 岩溶水

【解析】 参见教材第17页表1.2.1。

5.【2019年真题】地下水在自流盆地易形成（ ）。

A. 包气带水　　B. 承压水

C. 潜水　　D. 裂隙水

【解析】 参见教材第17页表1.2.1或第19页。

6.【2017年真题】当构造应力分布较均匀且强度足够时，在岩体中形成张开裂隙，这种裂隙常赋存（ ）。

A. 成岩裂隙水　　B. 风化裂隙水

C. 脉状构造裂隙水　　D. 层状构造裂隙水

【解析】 参见教材第18页。

7.【2016年真题】常处于第一层隔水层以上的重力水为（ ）。

A. 包气带水　　B. 潜水　　C. 承压水　　D. 裂隙水

【解析】 参见教材第18页。

8.【2015年真题】地下水补给区与分布区不一致的是（ ）。

A. 基岩上部裂隙中的潜水　　B. 单斜岩融化岩层中的承压水

C. 黏土裂隙中季节性存在的无压水　　D. 裸露岩层中的无压水

【解析】 参见教材第17页。

9.【2013年真题】不受气候影响的地下水是（ ）。

A. 包气带水　　B. 潜水　　C. 承压水　　D. 裂隙水

【解析】 参见教材第18页。

10.【2018年真题】以下岩石形成的溶隙或溶洞中，常赋存岩溶水的是（ ）。

A. 安山岩　　B. 玄武岩　　C. 流纹岩　　D. 石灰岩

【解析】 参见教材第19页。

11.【2014年真题】有明显季节性交替的裂隙水为（ ）。

A. 风化裂隙水　　B. 成岩裂隙水

C. 层状构造裂隙水　　D. 脉状构造裂隙水

【解析】 参见教材第19页。

二、参考答案

题号	1	2	3	4	5	6	7	8	9
答案	A	C	AB	C	B	D	B	B	C
题号	10	11							
答案	D	A							

三、2023考点预测

考点一：地下水分类

考点二：岩溶水的特征

第三节 常见工程地质问题及其处理方法

考点一：特殊地基
考点二：地下水
考点三：边坡稳定
考点四：围岩稳定

一、经典真题及解析

1. **【2022 年真题】** 对于深层的淤泥及淤泥质土，技术可行、经济合理的处理方式是（ ）。

A. 挖除　　B. 水泥灌浆加固
C. 振冲置换　　D. 预制桩或灌注桩

【解析】 参见教材第 20 页。

2. **【2022 年真题】** 大型滑坡体上做截水沟的作用是（ ）。

A. 截断流向滑坡体的水
B. 排除滑坡体内的水
C. 使滑坡体内的水流向下部透水岩层
D. 防止上部积水

【解析】 参见教材第 23、24 页。

3. **【2022 年真题】** 为了防止坚硬整体围岩开挖后表面风化，喷混凝土护壁的厚度一般为（ ）cm。

A. 1~3　　B. 3~5
C. 5~7　　D. 7~6

【解析】 参见教材第 27 页。

4. **【2022 年真题】** 下列关于承压水特性的说法，正确的是（ ）。

A. 承压水压力来自于隔水层的限制
B. 承压水压力来自于隔水顶板的重力
C. 承压水压力来自于顶板和底板间的压力
D. 若有裂隙穿越上下含水层，下部含水层的水可补给上层
E. 若有裂隙穿越上下含水层，上部含水层的水可补给下层

【解析】 参见教材第 18 页，选项 C 要慎选。

5. **【2021 年真题】** 对埋深 1m 左右的松散砂砾石地层地基进行处理应优先考虑的方法为（ ）。

A. 挖除　　B. 预制桩加固

C. 沉井加固　　D. 地下连续墙加固

【解析】 参见教材第 20 页。

6. 【2021 年真题】对于埋藏较深的断层破碎带，提高其承载力和抗渗力的处理方法，优先考虑（　　）。

A. 打土钉　　B. 打抗滑桩

C. 打锚杆　　D. 水泥浆灌浆

【解析】 参见教材第 20 页。

7. 【2021 年真题】处置流沙优先采用的施工方法为（　　）。

A. 灌浆　　B. 降低地下水位

C. 打桩　　D. 化学加固

【解析】 参见教材第 21 页。

8. 【2020 年真题】对建筑地基中深埋的水平状泥化夹层通常（　　）。

A. 不必处理　　B. 采用抗滑桩处理

C. 采用锚杆处理　　D. 采用预应力锚索处理

【解析】 参见教材第 20 页。

9. 【2020 年真题】建筑物基础位于黏性土地基上的，其地下水的浮托力（　　）。

A. 按地下水位 100%计算　　B. 按地下水位 50%计算

C. 结合地区的实际经验考虑　　D. 不须考虑和计算

【解析】 参见教材第 22 页。

10. 【2020 年真题】爆破后对地下工程围岩喷混凝土，对围岩的稳定起首要和内在本质作用的是（　　）。

A. 阻止碎块松动脱落引起应力恶化

B. 充填裂隙增加岩体的整体性

C. 与围岩紧密结合提高围岩的抗剪强度

D. 与围岩紧密结合提高围岩的抗拉强度

【解析】 参见教材第 27 页。

11. 【2020 年真题】地下水对地基、土体的影响有（　　）。

A. 风化作用　　B. 软化作用

C. 引起沉降　　D. 引起流沙

E. 引起潜蚀

【解析】 参见教材第 21 页。

12. 【2019 年真题】对影响建筑物地基的深埋岩体断层破碎带，采用较多的加固处理方式是（　　）。

A. 开挖清除　　B. 桩基加固

C. 锚杆加固　　D. 水泥浆灌浆

【解析】 参见教材第 20 页。

13. **【2018年真题】**风化、破碎岩层边坡加固，常用的结构形式有（　　）。

A. 木挡板　　B. 喷混凝土　　C. 挂网喷混凝土

D. 钢筋混凝土格构　　E. 混凝土格构

【解析】 参见教材第20页。

14. **【2016年真题】**加固断层破碎带地基最常用的方法是（　　）。

A. 灌浆　　B. 锚杆

C. 抗滑桩　　D. 灌注桩

【解析】 参见教材第20页。

15. **【2016年真题】**加固不满足承载力要求的砂砾石地层，常用的措施有（　　）。

A. 喷混凝土　　B. 沉井

C. 黏土灌浆　　D. 灌注桩

E. 碎石置换

【解析】 参见教材第20页。

16. **【2015年真题】**对开挖后的岩体软弱破碎的大型隧洞围岩，应优先采用的支撑方式为（　　）。

A. 钢管排架　　B. 钢筋或型钢拱架

C. 钢筋混凝土柱　　D. 钢管混凝土柱

【解析】 参见教材第20页。

17. **【2013年真题】**提高深层淤泥质土的承载力可采取（　　）。

A. 固结灌浆　　B. 喷混凝土护面

C. 打土钉　　D. 振冲置换

【解析】 参见教材第20页。

18. **【2013年真题】**对不能在上部刷方减重的滑坡体，为了防止滑坡常用的措施是（　　）。

A. 在滑坡体上方筑挡土墙　　B. 在滑坡体坡脚筑抗滑桩

C. 在滑坡体上部筑抗滑桩　　D. 在滑坡体坡脚挖截水沟

【解析】 参见教材第20页。

19. **【2010年真题】**在不满足边坡防渗和稳定要求的沙砾地层开挖基坑，为综合利用地下空间，宜采用的边坡支护方式是（　　）。

A. 地下连续墙　　B. 地下沉井

C. 固结灌浆　　D. 锚杆加固

【解析】 参见教材第20页。

20. **【2019年真题】**开挖基槽局部突然出现严重流沙时，可立即采取的处理方式是（　　）。

A. 抛入大块石　　B. 迅速降低地下水位

C. 打板桩　　D. 化学加固

【解析】 参见教材第 21 页。

21. 【2019 年真题】工程地基防止地下水机械潜蚀常用的方法有（ ）。

A. 取消反滤层　　B. 设置反滤层

C. 提高渗流水力坡度　　D. 降低渗流水力坡度

E. 改良土的性质

【解析】 参见教材第 22 页。

22. 【2017 年真题】仅发生机械潜蚀的原因是（ ）。

A. 渗流水力坡度小于临界水力坡度

B. 地下水渗流产生的水力压力大于土颗粒的有效重度

C. 地下连续墙接头的质量不佳

D. 基坑围护桩间隙处隔水措施不当

【解析】 参见教材第 22 页。

23. 【2015 年真题】基础设计时，必须以地下水位 100%计算浮托力的地层有（ ）。

A. 节理不发育的岩石　　B. 节理发育的岩石　　C. 碎石土

D. 粉土　　E. 黏土

【解析】 参见教材第 22 页。

24. 【2017 年真题】地层岩性对边坡稳定性的影响很大，稳定程度较高的边坡岩体一般是（ ）。

A. 片麻岩　　B. 玄武岩

C. 安山岩　　D. 角砾岩

【解析】 参见教材第 23 页。

25. 【2016 年真题】下列导致滑坡的因素中最普遍最活跃的因素是（ ）。

A. 地层岩性　　B. 地质构造

C. 岩体结构　　D. 地下水

【解析】 参见教材第 23 页。

26. 【2015 年真题】边坡易直接发生崩塌的岩层是（ ）。

A. 泥灰岩　　B. 凝灰岩

C. 泥岩　　D. 页岩

【解析】 参见教材第 23 页。

27. 【2014 年真题】在渗流水力坡度小于临界水力坡度的土层中施工建筑物基础时，可能出现（ ）。

A. 轻微流沙　　B. 中等流沙

C. 严重流沙　　D. 机械潜蚀

【解析】 参见教材第 22 页。

28. 【2013 年真题】影响岩石边坡稳定的主要地质因素有（ ）。

A. 地质构造　　B. 岩石的成因　　C. 岩石的成分

D. 岩体结构　　E. 地下水

【解析】 参见教材第22页。

29. 【2012年真题】关于地下水对边坡稳定性影响的说法，正确的是（　　）。

A. 地下水产生动水压力，增强了岩体的稳定性

B. 地下水增加了岩体质量，减小了边坡下滑力

C. 地下水产生浮托力，减轻岩体自重，增加边坡稳定

D. 地下水产生的静水压力，容易导致岩体崩塌

【解析】 参见教材第23页。

30. 【2011年真题】地层岩性对边坡稳定性影响较大，能构成稳定性相对较好的边坡岩体是（　　）。

A. 沉积岩　　B. 页岩　　C. 泥灰岩　　D. 板岩

【解析】 参见教材第23页。

31. 【2011年真题】关于地下水作用的说法，正确的有（　　）。

A. 地下水能够软化或溶蚀边坡岩体，导致崩塌或滑坡

B. 地下水增加了岩体重量，提高了下滑力

C. 地下水产生静水浮托力，提高了基础的抗滑稳定性

D. 地下水产生静水压力或动水压力，提高了岩体稳定性

E. 地下水对岩体产生浮托力，使岩体重量相对减轻，稳定性下降

【解析】 参见教材第23页。

32. 【2010年真题】地层岩性对边坡稳定影响较大，使边坡最易发生顺层滑动和上部崩塌的岩层是（　　）。

A. 玄武岩　　B. 火山角砾岩

C. 黏土质页岩　　D. 片麻岩

【解析】 参见教材第23页。

33. 【2009年真题】边坡最易发生顺层滑动的岩体是（　　）。

A. 原生柱状节理发育的安山岩　　B. 含黏土质页岩夹层的沉积岩

C. 垂直节理且疏松透水性强的黄土　　D. 原生柱状节理发育的玄武岩

【解析】 参见教材第23页。

34. 【2009年真题】下列关于地下水影响边坡稳定性，叙述错误的是（　　）。

A. 地下水改变岩体的构造

B. 地下水对岩体会产生浮力

C. 地下水使岩石软化或溶蚀

D. 在寒冷地区，地下水渗入裂隙结冰膨胀

【解析】 参见教材第23页。

35. 【2019年真题】隧道选线尤其应该注意避开褶皱构造的（　　）。

A. 向斜核部　　B. 背斜核部

C. 向斜翼部　　D. 背斜翼部

【解析】参见教材第 25 页。

36.【2018 年真题】隧道选线时，应优选布置在（　　）。

A. 褶皱两侧　　B. 向斜核部

C. 背斜核部　　D. 断层带

【解析】参见教材第 25 页。

37.【2018 年真题】地下工程开挖后，对软弱围岩优先选用的支护方式为（　　）。

A. 锚索支护　　B. 锚杆支护

C. 喷射混凝土支护　　D. 喷锚支护

【解析】参见教材第 27 页。

38.【2018 年真题】对于新开挖的围岩及时喷混凝土的目的是（　　）。

A. 提高围岩抗压强度　　B. 防止碎块脱落，改善应力状态

C. 防止围岩渗水　　D. 防止围岩变形

【解析】参见教材第 27 页。

39.【2017 年真题】为提高围岩本身的承载力和稳定性，最有效的措施是（　　）。

A. 锚杆支护　　B. 钢筋混凝土衬砌

C. 喷层+钢丝网　　D. 喷层+锚杆

【解析】参见教材第 26 页。

40.【2017 年真题】围岩变形与破坏的形式多种多样，主要形式及其状况是（　　）。

A. 脆性破裂，常在储存有很大塑性应变能的岩体开挖后发生

B. 块体滑移，常以结构面交汇切割组合成不同形状的块体滑移形式出现

C. 岩层的弯曲折断，是层状围岩应力重分布的主要形式

D. 碎裂结构岩体在洞顶产生崩落，是由于张力和振动力的作用

E. 风化、构造破碎，在重力、围岩应力作用下产生冒落及塑性变形

【解析】参见教材第 26 页。

41.【2014 年真题】隧道选线应尽可能避开（　　）。

A. 褶皱核部　　B. 褶皱两侧

C. 与岩层走向垂直　　D. 有裂隙垂直

【解析】参见教材第 25 页。

42.【2014 年真题】对地下工程围岩出现的拉应力区多采用的加固措施是（　　）。

A. 混凝土支撑　　B. 锚杆支护

C. 喷混凝土　　D. 挂网喷混凝土

【解析】参见教材第 27 页。

43.【2014 年真题】对于软弱、破碎围岩中的隧洞开挖后喷混凝土的主要作用在于（　　）。

A. 及时填补裂缝阻止碎块松动　　B. 防止地下水渗入隧洞

C. 改善开挖面的平整度
D. 与围岩紧密结合形成承载体
E. 防止开挖面风化

【解析】 参见教材第27页。

44. 【2013年真题】当隧道顶部围岩中有缓倾夹泥结构面存在时，要特别警惕（ ）。

A. 碎块崩落
B. 碎块坍塌
C. 墙体滑塌
D. 岩体塌方

【解析】 参见教材第26页。

二、参考答案

题号	1	2	3	4	5	6	7	8	9
答案	C	A	B	DE	A	D	B	A	C
题号	10	11	12	13	14	15	16	17	18
答案	B	BCDE	D	BC	A	BD	B	D	B
题号	19	20	21	22	23	24	25	26	27
答案	A	A	BDE	A	BCD	A	D	B	D
题号	28	29	30	31	32	33	34	35	36
答案	ADE	D	A	ABE	C	B	A	A	A
题号	37	38	39	40	41	42	43	44	
答案	C	B	D	BDE	A	B	AD	D	

三、2023考点预测

考点一：四类特殊地基综合考核

考点二：五类影响因素

考点三：地层岩性

考点四：围岩的处理方法

第四节　工程地质对工程建设的影响

考点一：工程地质对工程选址的影响

考点二：工程地质对建筑结构的影响

考点三：工程地质对工程造价的影响

一、经典真题及解析

1. 【2022年真题】以下对造价起决定性作用的是（ ）。

A. 准确的勘察资料　　B. 过程中对不良地质的处理

C. 选择有利的路线　　D. 工程设计资料的正确性

【解析】 参见教材第 29 页。

2. 【2021 年真题】在地下工程选址时，应考虑较多的地质问题为（　　）。

A. 区域稳定性　　B. 边坡稳定性

C. 泥石流　　D. 斜坡滑动

【解析】 参见教材第 28 页。

3. 【2020 年真题】隧道通过岩层，选线应避免（　　）。

A. 裂隙带　　B. 断层

C. 横穿断层带　　D. 横穿张性裂隙带

【解析】 参见教材第 28 页。

4. 【2018 年真题】隧道选线与断层走线平行，应优先考虑（　　）。

A. 避开与其破碎带接触　　B. 横穿其破碎带

C. 灌浆加固断层破碎带　　D. 清除断层破碎带

【解析】 参见教材第 28 页。

5. 【2017 年真题】大型建设工程的选址，对工程地质的影响还要特别注意考查（　　）。

A. 区域性深大断裂交汇　　B. 区域地质构造形成的整体滑坡

C. 区域的地震烈度　　D. 区域内潜在的陡坡崩塌

【解析】 参见教材第 28 页。

6. 【2016 年真题】隧道选线应尽可能使（　　）。

A. 隧道轴向与岩层走向平行　　B. 隧道轴向与岩层走向夹角较小

C. 隧道位于地下水位以上　　D. 隧道位于地下水位以下

【解析】 参见教材第 28 页。

7. 【2016 年真题】道路选线应特别注意避开（　　）。

A. 岩层倾角大于坡面倾角的顺向坡　　B. 岩层倾角小于坡面倾角的顺向坡

C. 岩层倾角大于坡面倾角的逆向坡　　D. 岩层倾角小于坡面倾角的逆向坡

【解析】 参见教材第 28 页。

8. 【2016 年真题】工程地质对建设工程选址的影响主要在于（　　）。

A. 地质岩性对工程造价的影响　　B. 地质缺陷对工程安全的影响

C. 地质缺陷对工程造价的影响　　D. 地质结构对工程造价的影响

E. 地质构造对工程造价的影响

【解析】 参见教材第 28 页。

9. 【2015 年真题】隧道选线无法避开断层时，应尽可能使隧道轴向与断层走向（　　）。

A. 方向一致　　B. 方向相反

C. 交角大些　　D. 交角小些

【解析】 参见教材第28页。

10. **【2015年真题】**裂隙或裂缝对工程地基的影响主要在于破坏地基的（ ）。

A. 整体性
B. 抗渗性
C. 稳定性
D. 抗冻性

【解析】 参见教材第28页。

11. **【2014年真题】**与大型建筑工程的选择相比，一般中小型建设工程选址不太注重的工程地质问题是（ ）。

A. 土地松软
B. 岩石风化
C. 区域地质构造
D. 边坡稳定
E. 区域地质岩性

【解析】 参见教材第28页。

12. **【2013年真题】**对地下隧道的选线应特别注意避免（ ）。

A. 穿过岩层裂缝
B. 穿过软弱夹层
C. 平行靠近断层破碎带
D. 交叉靠近断层破碎带

【解析】 参见教材第28页。

13. **【2013年真题】**工程地质对工程建设的直接影响主要体现在（ ）。

A. 对工程项目全寿命的影响
B. 对建筑物地址选择的影响
C. 对建筑物结构设计的影响
D. 对工程项目生产或服务功能的影响
E. 对建设工程造价的影响

【解析】 参见教材第28、29页。

14. **【2019年真题】**工程地质情况影响建筑结构的基础选型，在多层住宅基础选型中，出现较多的情况是（ ）。

A. 按上部荷载本可选片筏基础的，因地质缺陷而选用条形基础
B. 按上部荷载本可选条形基础的，因地质缺陷而选片筏基础
C. 按上部荷载本可选箱形基础的，因地质缺陷而选用片筏基础
D. 按上部荷载本可选桩基础的，因地质缺陷而选用条形基础

【解析】 参见教材第29页。

15. **【2015年真题】**地层岩性和地质构造主要影响房屋建筑的（ ）。

A. 结构选型
B. 建筑造型
C. 结构尺寸
D. 构造柱的布置
E. 圈梁的布置

【解析】 参见教材第29页。

16. **【2009年真题】**应避免因工程地质勘查不详而引起工程造价增加的情况是（ ）。

A. 地质对结构选型的影响

B. 地质对基础选型的影响

C. 设计阶段发现特殊不良地质条件

D. 施工阶段发现特殊不良地质条件

【解析】 参见教材第 29 页。

二、参考答案

题号	1	2	3	4	5	6	7	8	9
答案	C	A	B	A	B	C	B	BC	C
题号	10	11	12	13	14	15	16		
答案	A	CE	C	BCE	B	AC	D		

三、2023 考点预测

考点一：五种选址对地质的要求

考点二：基础选型因地质影响的变动

考点三：地质勘察资料的风险范围

第二章　工程构造

第一节　工业与民用建筑工程的分类、组成及构造

考点一：工业与民用建筑工程的分类及应用
考点二：民用建筑构造
考点三：工业建筑构造

一、经典真题及解析

1.【2022 年真题】下列装配式建筑中，适用于软弱地基，经济环保的是（　　）。

A. 全预制装配式混凝土结构

B. 预制装配整体式混凝土结构

C. 装配式钢结构建筑

D. 装配式木结构建筑

【解析】 参见教材第 33 页。

2.【2022 年真题】下列结构体系中，适用于超高层民用居住建筑的是（　　）。

A. 混合结构体系　　B. 框架结构体系

C. 剪力墙结构体系　　D. 筒体结构体系

【解析】 参见教材第 34 页。

3.【2022 年真题】悬索结构的跨中垂度一般为跨度的（　　）。

A. 1/12　　B. 1/15

C. 1/20　　D. 1/30

【解析】 参见教材第 35 页。

4.【2022 年真题】在外墙内保温结构中，为防止冬季采暖房间形成水蒸气渗入保温层，通常采用的做法为（　　）。

A. 在保温层靠近室内一侧加防潮层

B. 在保温层与主体结构之间加防潮层

C. 在保温层靠室内一侧设隔汽层

D. 在保温层与主体结构之间设隔汽层

【解析】 参见教材第 46 页。

5.【2022 年真题】在外墙聚苯板保温层上覆盖钢丝网的作用是（　　）。

A. 固定保温层

B. 防止保温层开裂

C. 加强块料保温层的整体性

D. 防止面层结构开裂、脱落

【解析】 参见教材第46页。

6. 【2022年真题】下列结构体系中，构件主要承受轴向力的有（　　）。

A. 砖混结构　　B. 框架结构

C. 桁架结构　　D. 网架结构

E. 拱式结构

【解析】 参见教材第35页，选项C要慎选。

7. 【2022年真题】保持被动式节能建筑舒适温度的热能来源有（　　）。

A. 燃煤　　B. 供暖

C. 人体　　D. 家电

E. 热回收装置

【解析】 参见教材第36页。

8. 【2022年真题】楼梯踏步防滑条常用的材料有（　　）。

A. 金刚砂　　B. 马赛克

C. 橡皮条　　D. 金属材料

E. 玻璃

【解析】 参见教材第54页。

9. 【2021年真题】与建筑物相比，构筑物的主要特征为（　　）。

A. 供生产使用　　B. 供非生产性使用

C. 满足功能要求　　D. 占地面积小

【解析】 参见教材第30页。

10. 【2021年真题】关于多层砌体工程工业房屋的圈梁设置位置，正确的为（　　）。

A. 在底层设置一道　　B. 在檐沟标高处设置一道

C. 在纵横墙上隔层设置　　D. 在每层和檐口标高处设置

【解析】 参见教材第43页。

11. 【2021年真题】外墙外保温层采用厚壁面层结构时正确的做法为（　　）。

A. 在保温层外表面抹水泥砂浆

B. 在保温层外表面涂抹聚合物水泥胶浆

C. 在底涂层和面层抹聚合物水泥砂浆

D. 在底涂层中设置玻璃纤维网格

【解析】 参见教材第46页。

12. 【2021年真题】在以下工程结构中，适用采用现浇钢筋混凝土井字形密肋楼板的为（　　）。

A. 厨房　　B. 会议厅

C. 储藏室　　D. 仓库

【解析】 参见教材第 49 页。

13. 【2021 年真题】某单层厂房设计柱距 6m，跨度 30m，最大起重量 12t，其钢筋混凝土吊车梁的形式应优先选用（　　）。

A. 非预应力工字形　　B. 预应力工字形

C. 非预应力鱼腹式　　D. 预应力空腹鱼腹式

【解析】 参见教材第 78 页。

14. 【2021 年真题】下列房屋结构中，抗震性能好的是（　　）。

A. 砖木结构　　B. 砖混结构　　C. 现代木结构

D. 钢结构　　E. 型钢混凝土组合结构

【解析】 参见教材第 32 页。

15. 【2021 年真题】按楼梯段传力的特点区分，预制装配式钢筋混凝土中型楼梯的主要类型包括（　　）。

A. 墙承式　　B. 梁板式　　C. 梁承式

D. 板式　　E. 悬挑式

【解析】 参见教材第 54 页。

16. 【2021 年真题】坡屋面可以采用的承重结构类型有（　　）。

A. 钢筋混凝土梁板　　B. 屋架承重　　C. 柱

D. 硬山搁檩　　E. 梁架结构

【解析】 参见教材第 66 页。

17. 【2020 年真题】按建筑物承重结构形式分类，网架结构属于（　　）。

A. 排架结构　　B. 刚架结构

C. 混合结构　　D. 空间结构

【解析】 参见教材第 35 页。

18. 【2020 年真题】目前多层住宅楼房多采用（　　）。

A. 砖木结构　　B. 砖混结构

C. 钢筋混凝土结构　　D. 木结构

【解析】 参见教材第 32 页。

19. 【2020 年真题】相对刚性基础而言，柔性基础的本质在于（　　）。

A. 基础材料的柔性　　B. 不受刚性角的影响

C. 不受混凝土强度的影响　　D. 利用钢筋抗拉承受弯矩

【解析】 参见教材第 37 页。

20. 【2020 年真题】将房间楼板直接悬挑形成阳台板，该阳台承重支承方式为（　　）。

A. 墙板式　　B. 挑梁式

C. 挑板式　　D. 板承式

【解析】 参见教材第 51 页。

21. 【2020 年真题】单层工业厂房柱间支撑的作用（　　）。

A. 提高厂房局部承载能力　　B. 方便检修维护吊车梁

C. 提升厂房内部美观　　D. 加强厂房纵向刚度和稳定性

【解析】 参见教材第 74 页。

22. 【2020 年真题】在满足一定功能的前提下与钢筋混凝土结构相比，型钢混凝土结构的优点在于（　　）。

A. 造价低　　B. 承载力大

C. 节省钢材　　D. 刚度大

E. 抗震性能好

【解析】 参见教材第 32 页。

23. 【2020 年真题】设置圈梁的主要意义在于（　　）。

A. 提高建筑物空间刚度　　B. 提高建筑物的整体性

C. 传递墙体荷载　　D. 提高建筑物的抗震性

E. 增加墙体的稳定性

【解析】 参见教材第 43 页。不建议选 D，因为减轻震害和提高抗震性非同一含义。

24. 【2020 年真题】现浇钢筋混凝土楼板主要分为（　　）。

A. 板式楼板　　B. 梁式楼板

C. 梁板式肋形楼板　　D. 井字形肋楼板

E. 无梁式楼板

【解析】 参见教材第 48、49 页。

25. 【2019 年真题】柱与屋架铰接连接的工业建筑结构是（　　）。

A. 网架结构　　B. 排架结构

C. 钢架结构　　D. 空间结构

【解析】 参见教材第 31 页。

26. 【2019 年真题】由主要承受轴向力的杆件组成的结构体系有（　　）。

A. 框架结构体系　　B. 桁架结构体系

C. 拱式结构体系　　D. 网架结构体系

E. 悬索结构体系

【解析】 参见教材第 34、35 页。

27. 【2018 年真题】房间多为开间 3m、进深 6m 的四层办公楼常用的结构形式为（　　）。

A. 木结构　　B. 砖木结构

C. 砖混结构　　D. 钢结构

【解析】 参见教材第 32 页。

28. 【2017 年真题】建飞机库应优先考虑的承重体系是（　　）。

A. 薄壁空间结构体系　　B. 悬索结构体系

C. 拱式结构体系　　D. 网架结构体系

【解析】 参见教材第35页。

29. 【2016年真题】建筑物与构筑物的主要区别在于（　　）。

A. 占地面积　　B. 体量大小

C. 满足功能要求　　D. 提供活动空间

【解析】 参见教材第30页。

30. 【2016年真题】型钢混凝土组合结构比钢结构（　　）。

A. 防火性能好　　B. 节约空间

C. 抗震性能好　　D. 变形能力强

【解析】 参见教材第32页。

31. 【2016年真题】空间较大的170m民用建筑的承重体系可优先考虑（　　）。

A. 混合结构体系　　B. 框架结构体系

C. 剪力墙体系　　D. 框架-剪力墙体系

【解析】 参见教材第34页。

32. 【2016年真题】空间较大的260m民用建筑的承重体系可优先考虑（　　）。

A. 混合结构体系　　B. 框架结构体系

C. 剪力墙体系　　D. 筒体体系

【解析】 参见教材第34页。

33. 【2014年真题】力求节省钢材且截面最小的大型结构应采用（　　）。

A. 钢结构　　B. 型钢混凝土组合结构

C. 钢筋混凝土结构　　D. 混合结构

【解析】 参见教材第32页。

34. 【2014年真题】高层建筑抵抗水平荷载最有效的结构是（　　）。

A. 剪力墙结构　　B. 框架结构

C. 筒体结构　　D. 混合结构

【解析】 参见教材第34页。

35. 【2014年真题】网架结构体系的特点是（　　）。

A. 空间受力体系，整体性好　　B. 杆件轴向受力合理，节约材料

C. 高次超静定，稳定性差　　D. 杆件适于工业化生产

E. 结构刚度小，抗震性能差

【解析】 参见教材第35页。

36. 【2013年真题】热处理车间属于（　　）。

A. 动力车间　　B. 其他建筑

C. 生产辅助用房　　D. 生产厂房

【解析】 参见教材第30页。

37. 【2013年真题】与钢筋混凝土结构相比，型钢混凝土组合结构的优点在于（　　）。

A. 承载力大　　B. 防火性能好　　C. 抗震性能好
D. 刚度大　　E. 节约钢材

【解析】 参见教材第 32 页。

38. 【2012 年真题】根据有关设计规范要求，城市标志性建筑其主体结构的耐久年限应为（　　）。

A. 15~25 年　　B. 25~50 年
C. 50~100 年　　D. 100 年以上

【解析】 参见教材第 31 页。

39. 【2011 年真题】通常情况下，特别重要的建筑主体结构的耐久年限应在（　　）。

A. 25 年以上　　B. 50 年以上
C. 100 年以上　　D. 150 年以上

【解析】 参见教材第 31 页。

40. 【2010 年真题】某跨度为 39m 的重型起重设备厂房，宜采用（　　）。

A. 砌体结构　　B. 混凝土结构
C. 钢筋混凝土结构　　D. 钢结构

【解析】 参见教材第 32 页。

41. 【2010 年真题】有二层楼板的影剧院，建筑高度为 26m，该建筑属于（　　）。

A. 低层建筑　　B. 多层建筑
C. 中高层建筑　　D. 高层建筑

【解析】 参见教材第 31 页。

42. 【2008 年真题】按工业建筑用途分类，机械制造厂的热处理车间厂房属于（　　）。

A. 生产辅助厂房　　B. 配套用房
C. 生产厂房　　D. 其他厂房

【解析】 参见教材第 30 页。

43. 【2007 年真题】适用于大型机器设备或重型起重运输设备制造的厂房是（　　）。

A. 单层厂房　　B. 2 层厂房
C. 3 层厂房　　D. 多层厂房

【解析】 参见教材第 30 页。

44. 【2019 年真题】采用箱形基础较多的建筑是（　　）。

A. 单层建筑　　B. 多层建筑
C. 高层建筑　　D. 超高层建筑

【解析】 参见教材第 38 页。

45. 【2019 年真题】对荷载较大、管线较多的商场，比较适合采用的现浇钢筋混凝土楼板是（　　）。

A. 板式楼板　　B. 梁板式肋形楼板
C. 井字形肋楼板　　D. 无梁式楼板

【解析】 参见教材第 49 页。

46. 【2019 年真题】高层建筑的屋面排水应优先选择（　　）。

A. 内排水　　B. 外排水

C. 无组织排水　　D. 天沟排水

【解析】 参见教材第 60 页。

47. 【2019 年真题】所谓倒置式保温屋顶指的是（　　）。

A. 先做保温层，后做找平层　　B. 先做保温层，后做防水层

C. 先做找平层，后做保温层　　D. 先做防水层，后做保温层

【解析】 参见教材第 62 页图 2. 1. 16。

48. 【2019 年真题】提高墙体抗震性能的细部构造主要有（　　）。

A. 圈梁　　B. 过梁　　C. 构造柱

D. 沉降缝　　E. 防震缝

【解析】 参见教材第 43、44 页。

49. 【2018 年真题】墙下肋条式条形基础与无肋式相比，其优点在于（　　）。

A. 减少基础材料　　B. 减少不均匀沉降

C. 减少基础占地　　D. 增加外观美感

【解析】 参见教材第 38 页。

50. 【2018 年真题】地下室底板和四周墙体需做防水处理的基本条件是：地下室地坪位于（　　）。

A. 最高设计地下水位以下　　B. 常年地下水位以下

C. 当年地下水位以上　　D. 最高设计地下水位以上

【解析】 参见教材第 40 页。

51. 【2018 年真题】建筑物的伸缩缝、沉降缝、防震缝的根本区别在于（　　）。

A. 伸缩缝和沉降缝比防震缝宽度小

B. 伸缩缝和沉降缝比防震震缝宽度大

C. 伸缩缝不断开基础，沉降缝和防震缝断开基础

D. 伸缩缝和防震缝不断开基础，沉降缝断开基础

【解析】 参见教材第 44 页。

52. 【2018 年真题】建筑物楼梯段跨度较大时，为了经济合理，通常不宜采用（　　）。

A. 预制装配墙承式楼梯　　B. 预制装配梁承式楼梯

C. 现浇钢筋混凝土梁式楼梯　　D. 现浇钢筋混凝土板式楼梯

【解析】 参见教材第 53 页。

53. 【2018 年真题】与外墙内保温相比，外墙外保温的优点是（　　）。

A. 有良好的建筑节能效果　　B. 有利于提高室内温度的稳定性

C. 有利于降低建筑物造价　　D. 有利于减少温度波动对墙体的损坏

E. 有利于延长建筑物的使用寿命

【解析】 参见教材第 46 页。

54. 【2018 年真题】预制装配式钢筋混凝土楼板与现浇钢筋混凝土楼板相比，其主要优点在于（　　）。

A. 工业化水平高　　B. 节约工期　　C. 整体性能好

D. 劳动强度低　　E. 节约模板

【解析】 参见教材第 49 页。

55. 【2018 年真题】关于平屋顶排水方式的说法，正确的有（　　）。

A. 高层建筑屋面采用外排水　　B. 多层建筑屋面采用有组织排水

C. 低层建筑屋面采用无组织排水　　D. 汇水面积较大屋面采用天沟排水

E. 多跨屋面采用天沟排水

【解析】 参见教材第 60 页。

56. 【2017 年真题】对于地基软弱土层厚、荷载大和建筑面积不太大的一些重要高层建筑物，最常采用的基础构造形式为（　　）。

A. 独立基础　　B. 柱下十字交叉基础

C. 片筏基础　　D. 箱形基础

【解析】 参见教材第 38 页。

57. 【2017 年真题】叠合楼板是由预制板和现浇钢筋混凝土层叠合而成的装配整体式楼板，现浇叠合层内设置的钢筋主要是（　　）。

A. 构造钢筋　　B. 正弯矩钢筋

C. 负弯矩钢筋　　D. 下部受力钢筋

【解析】 参见教材第 49 页。

58. 【2017 年真题】坡屋面的檐口形式主要有两种，其一是挑出檐口，其二是女儿墙檐口，以下说法，正确的有（　　）。

A. 砖挑檐的砖可平挑出，也可把砖斜放，挑檐砖上方瓦伸出 80mm

B. 砖挑檐一般不超过墙体厚度的 1/2，且不大于 240mm

C. 当屋面有椽木时，可以用椽木出挑，支撑挑出部分屋面

D. 当屋面集水面积大，降雨量大时，檐口可设钢筋混凝土天沟

E. 对于不设置屋架的房屋，可以在其纵向承重墙内压砌挑椽木并外挑

【解析】 参见教材第 69 页。

59. 【2017 年真题】加气混凝土墙，一般不宜用于（　　）。

A. 建筑物±0. 00 以下　　B. 外墙板

C. 承重墙　　D. 干湿交替部位

E. 环境温度大于 80℃的部位

【解析】 参见教材第 41 页。

60. 【2016 年真题】现浇钢筋混凝土楼梯按楼梯段传力特点划分为（　　）。

A. 墙承式楼梯　　B. 梁式楼梯　　C. 梁板式楼梯

D. 板式楼梯　　E. 悬挑式楼梯

【解析】 参见教材第 53 页。

61. 【2016 年真题】坡屋顶承重结构划分为（　　）。

A. 硬山搁檩　　B. 屋架承重　　C. 钢架结构

D. 梁架结构　　E. 钢筋混凝土梁板承重

【解析】 参见教材第 67、68 页。

62. 【2015 年真题】三层砌体办公室的墙体一般设置圈梁（　　）。

A. 一道　　B. 二道　　C. 三道　　D. 四道

【解析】 参见教材第 43 页。

63. 【2015 年真题】井字形密肋楼板的肋高一般为（　　）。

A. 90~120mm　　B. 120~150mm

C. 150~180mm　　D. 180~250mm

【解析】 参见教材第 49 页。

64. 【2015 年真题】将楼板段与休息平台组成一个构件组合的预制钢筋混凝土楼梯是（　　）。

A. 大型构件装配式楼梯　　B. 中型构件装配式楼梯

C. 小型构件装配式楼梯　　D. 悬挑装配式楼梯

【解析】 参见教材第 54 页。

65. 【2015 年真题】坡屋顶承重屋架常见的形式有（　　）。

A. 三角形　　B. 梯形　　C. 矩形

D. 多边形　　E. 弧形

【解析】 参见教材第 67 页。

66. 【2014 年真题】平屋面的涂膜防水构造有正置式和倒置式之分，所谓正置式的是指（　　）。

A. 隔热保温层在涂膜防水层之上　　B. 隔热保温层在找平层之上

C. 隔热保温层在涂膜防水层之下　　D. 隔热保温层在找平层之下

【解析】 参见教材第 62 页。

67. 【2014 年真题】坡屋顶的钢筋混凝土折板结构一般是（　　）。

A. 有屋架支承的　　B. 有檩条支承的

C. 整体现浇的　　D. 由托架支承的

【解析】 参见教材第 68 页。

68. 【2014 年真题】承受相同荷载条件下，相对刚性基础而言柔性基础的特点是（　　）。

A. 节约基础挖方量　　B. 节约基础钢筋用量

C. 增加基础钢筋用量　　D. 减小基础埋深

E. 增加基础埋深

【解析】 参见教材第 37 页。

69. 【2013年真题】关于刚性基础的说法正确的是（　　）。

A. 基础大放脚应超过基础材料刚性角范围

B. 基础大放脚与基础材料刚性角一致

C. 基础宽度应超过基础材料刚性角范围

D. 基础深度应超过基础材料刚性角范围

【解析】 参见教材第37页。

70. 【2013年真题】单扇门的宽度一般不超过（　　）。

A. 900mm　　B. 1000mm　　C. 1100mm　　D. 1200mm

【解析】 参见教材第56页。

71. 【2013年真题】平瓦屋面下，聚合物改性沥青防水垫层的搭接宽度为（　　）。

A. 60mm　　B. 70mm　　C. 80mm　　D. 100mm

【解析】 参见教材第68页表2.1.8。

72. 【2013年真题】预制装配式钢筋混凝土楼梯踏步的支承方式有（　　）。

A. 梁承式　　B. 板承式　　C. 墙承式

D. 板肋式　　E. 悬挑式

【解析】 参见教材第54页。

73. 【2012年真题】柔性基础的主要优点在于（　　）。

A. 取材方便　　B. 造价较低

C. 挖土深度小　　D. 施工便捷

【解析】 参见教材第37页。

74. 【2012年真题】关于砖墙墙体防潮层设置位置的说法，正确的是（　　）。

A. 室内地面均为实铺时，外墙防潮层设在室内地坪处

B. 墙体两侧地坪不等高时，应在较低一侧的地坪处设置

C. 室内采用架空木地板时，外墙防潮层设在室外地坪以上、地板木搁栅垫木之下

D. 钢筋混凝土基础的砖墙墙体不需设置水平和垂直防潮层

【解析】 参见教材第42页。

75. 【2012年真题】坚硬耐磨、装饰效果好、造价偏高，一般适用于用水的房间和有腐蚀房间楼地面的装饰构造为（　　）。

A. 水泥砂浆地面　　B. 水磨石地面

C. 陶瓷板块地面　　D. 人造石板地面

【解析】 参见教材第73页。

76. 【2012年真题】为了防止地表水对建筑物基础的侵蚀，在降雨量大于900mm的地区，建筑物的四周地面上应设置（　　）。

A. 沟底纵坡坡度为0.5%~1%的明沟

B. 沟底横坡坡度为3%~5%的明沟

C. 宽度为600~1000mm的散水

D. 坡度为0.5%~1%的现浇混凝土散水

E. 外墙与明沟之间坡度为3%~5%的散水

【解析】 参见教材第43页。

77. **【2011年真题】**关于刚性基础的说法，正确的是（　　）。

A. 刚性基础基底主要承受拉应力

B. 通常使基础大放脚与基础材料的刚性角一致

C. 刚性角受工程地质性质影响，与基础宽高比无关

D. 刚性角受设计尺寸影响，与基础材质无关

【解析】 参见教材第37页。

78. **【2011年真题】**关于钢筋混凝土基础的说法，正确的是（　　）。

A. 钢筋混凝土条形基础底宽不宜大于600mm

B. 锥形基础断面最薄处高度不小于200mm

C. 通常宜在基础下面设300mm左右厚的素混凝土垫层

D. 阶梯形基础断面每踏步高120mm左右

【解析】 参见教材第37页。

79. **【2011年真题】**关于墙体构造的说法，正确的是（　　）。

A. 室内地面均为实铺时，外墙墙身防潮层应设在室外地坪以下60mm处

B. 外墙两侧地坪不等高时，墙身防潮层应设在较低一侧地坪以下60mm处

C. 年降雨量小于900mm的地区只需设置明沟

D. 散水宽度一般为600~1000mm

【解析】 参见教材第42、43页。

80. **【2011年真题】**某建筑物的屋顶集水面积为$1800m^2$，当地气象记录每小时最大降雨量160mm，拟采用落水管直径为120mm，该建筑物需设置落水管的数量至少为（　　）。

A. 4根　　B. 5根　　C. 8根　　D. 10根

【解析】 参见教材第60页。$F=438\times12^2/160=394.2$（$m^2$），落水管的数量=1800/394.2=4.57（根），取整为5根。

81. **【2010年真题】**同一工程地质条件区域内，在承受相同的上部荷载时，选用埋深最浅的基础是（　　）。

A. 毛石基础　　B. 柔性基础

C. 毛石混凝土基础　　D. 混凝土基础

【解析】 参见教材第37页。

82. **【2010年真题】**下列墙体中，保温、防火和抗震性能均较好的是（　　）。

A. 舒乐舍板墙　　B. 轻钢龙骨石膏板墙

C. 预制混凝土板墙　　D. 加气混凝土板墙

【解析】 参见教材第42页。

83. **【2010年真题】**普通民用建筑楼梯梯段的踏步数一般（　　）。

A. 不宜超过 15 级，不少于 2 级　　B. 不宜超过 15 级，不少于 3 级
C. 不宜超过 18 级，不少于 2 级　　D. 不宜超过 18 级，不少于 3 级

【解析】 参见教材第 53 页。

84. **【2010 年真题】** 平面尺寸较大的建筑物门厅常采用（　　）。

A. 板式现浇钢筋混凝土楼板　　B. 预制钢筋混凝土实心楼板
C. 预制钢筋混凝土空心楼板　　D. 井字形肋楼板
E. 无梁楼板

【解析】 参见教材第 49 页。

85. **【2009 年真题】** 地下室垂直卷材防水层的顶端，应高出地下最高水位（　　）。

A. 0.10~0.20m　　B. 0.20~0.30m
C. 0.30~0.50m　　D. 0.50~1.00m

【解析】 参见教材第 41 页图 2.1.7。

86. **【2009 年真题】** 某宾馆门厅 9m×9m，为了提高净空高度，宜优先选用（　　）。

A. 普通板式楼板　　B. 梁板式肋形楼板
C. 井字形密肋楼板　　D. 普通无梁楼板

【解析】 参见教材第 49 页。

87. **【2008 年真题】** 关于钢筋混凝土基础，说法正确的是（　　）。

A. 钢筋混凝土基础的抗压和抗拉强度均较高，属于刚性基础
B. 钢筋混凝土基础受刚性角限制
C. 钢筋混凝土基础宽高比的数值越小越合理
D. 钢筋混凝土基础断面可做成锥形，其最薄处高度不小于 200mm

【解析】 参见教材第 37 页。

88. **【2008 年真题】** 钢筋混凝土圈梁的宽度通常与墙的厚度相同，但高度不小于（　　）。

A. 115mm　　B. 120mm　　C. 180mm　　D. 240mm

【解析】 参见教材第 43 页。

89. **【2008 年真题】** 房屋中跨度较小的房间，通常采用现浇钢筋混凝土（　　）。

A. 井子形肋楼板　　B. 梁板式肋形楼板
C. 板式楼板　　D. 无梁楼板

【解析】 参见教材第 48 页。

90. **【2008 年真题】** 建筑物的基础，按构造方式可分为（　　）。

A. 刚性基础　　B. 条形基础　　C. 独立基础
D. 柔性基础　　E. 箱形基础

【解析】 参见教材第 38 页。

91. **【2007 年真题】** 窗台根据窗子的安装位置可形成内窗台和外窗台。内窗台的作用主要是（　　）。

A. 排除窗上的凝结水　　B. 室内美观、卫生需要

C. 与外窗台对应　　D. 满足建筑节点的设计需要

【解析】 参见教材第43页。

92. 【2006年真题】基础刚性角的大小主要取决于（　　）。

A. 大放脚的尺寸　　B. 基础材料的力学性质

C. 地基的力学性质　　D. 基础承受荷载大小

【解析】 参见教材第37页。

93. 【2006年真题】设置伸缩缝的建筑物，其基础部分仍连在一起的原因是（　　）。

A. 基础受温度变化影响小　　B. 伸缩缝比沉降缝窄

C. 基础受房屋构件伸缩影响小　　D. 沉降缝已将基础断开

【解析】 参见教材第44页。

94. 【2006年真题】若挑梁式阳台的悬挑长度为1.5m，则挑梁压入墙内的长度约为（　　）。

A. 1.0m　　B. 1.5m　　C. 1.8m　　D. 2.4m

【解析】 参见教材第51页。

95. 【2005年真题】建筑物基础的埋深，指的是（　　）。

A. 从±0.00到基础底面的垂直距离

B. 从室外设计地面到基础底面的垂直距离

C. 从室外设计地面到垫层底面的距离

D. 从室外设计地面到基础底面的距离

【解析】 参见教材第39页。

96. 【2005年真题】为了防止卷材屋面防水层出现龟裂，应采取的措施是（　　）。

A. 设置分仓缝　　B. 设置隔汽层或排汽通道

C. 铺绿豆砂保护层　　D. 铺设钢筋网片

【解析】 参见教材第62页。

97. 【2005年真题】炎热多雨地区选用的涂料应具有较好的（　　）。

A. 耐水性、耐高温性、抗霉性　　B. 耐水性、抗冻性、抗霉性

C. 耐水性、耐磨性、耐碱性　　D. 耐高温性、耐污染性、透气性

【解析】 参见教材第71页。

98. 【2004年真题】需要做防潮处理的地下室砖墙，砌筑时应选用（　　）。

A. 水泥砂浆　　B. 石灰砂浆

C. 混合砂浆　　D. 石灰膏

【解析】 参见教材第40页。

99. 【2004年真题】圈梁是沿外墙、内纵墙和主要横墙在同一水平面设置的连续封闭梁，所以圈梁（　　）。

A. 不能被门窗洞口或其他洞口截断

B. 必须设在门窗洞口或其他洞口上部

C. 必须设在楼板标高处与楼板结合成整体

D. 如果被门窗洞口或其他洞口截断，应在洞口上部设置附加梁

【解析】 参见教材第 43 页。

100. **【2004 年真题】** 厨房、厕所等小跨度房间多采用的楼板形式是（　　）。

A. 现浇钢筋混凝土板式楼板　　B. 预制钢筋混凝土楼板

C. 装配整体式钢筋混凝土楼板　　D. 现浇钢筋混凝土梁板式肋形楼板

【解析】 参见教材第 48 页。

101. **【2004 年真题】** 为使阳台悬挑长度大些，建筑物的挑阳台承重结构通常采用的支承方式是（　　）。

A. 墙承式　　B. 简支式

C. 挑梁式　　D. 挑板式

【解析】 参见教材第 51 页。

102. **【2004 年真题】** 坡屋面常见的细部构造有（　　）。

A. 挑出檐口　　B. 女儿墙檐口　　C. 山墙

D. 刚性防水层　　E. 水泥砂浆找平层

【解析】 参见教材第 69 页。

103. **【2004 年真题】** 梁式楼梯梯段的传力结构主要组成有（　　）。

A. 悬臂板　　B. 梯段板　　C. 斜梁

D. 平台梁　　E. 踏步板

【解析】 参见教材第 53 页。

104. **【2019 年真题】** 单层工厂房屋盖常见的承重构件有（　　）。

A. 钢筋混凝土屋面板　　B. 钢筋混凝土屋架　　C. 钢筋混凝土屋面梁

D. 钢屋架　　E. 钢木屋架

【解析】 参见教材第 74 页。

105. **【2017 年真题】** 关于单层厂房屋架布置原则的说法，正确的有（　　）。

A. 天窗上弦水平支撑一般设置于天窗两端开间和中部有屋架上弦横向水平支撑的开间处

B. 天窗两侧的垂直支撑一般与天窗上弦水平支撑位置一致

C. 有檩体系的屋架必须设置上弦横向水平支撑

D. 屋顶垂直支撑一般应设置于屋架跨中和支座的水平平面内

E. 纵向系杆应设在有天窗的屋架上弦节点位置

【解析】 参见教材第 78 页。

106. **【2009 年真题】** 单层工业厂房屋盖支撑的主要作用是（　　）。

A. 传递屋面板荷载　　B. 传递吊车刹车时产生的冲剪力

C. 传递水平风荷载　　D. 传递天窗及托架荷载

【解析】 参见教材第 74 页。

107. **【2007 年真题】** 将骨架结构厂房山墙承受的风荷载传给基础的是（　　）。

A. 支撑系统　　B. 墙体
C. 柱子　　D. 圈梁

【解析】 参见教材第79页。

108. 【2006年真题】单层工业厂房的柱间支撑和屋盖支撑主要传递（　　）。
A. 水平风荷载　　B. 吊车刹车冲切力　　C. 屋盖自重
D. 抗风柱重量　　E. 墙梁自重

【解析】 参见教材第79页。

109. 【2004年真题】单层工业厂房骨架承重结构通常选用的基础类型是（　　）。
A. 条形基础　　B. 柱下独立基础
C. 片筏基础　　D. 箱形基础

【解析】 参见教材第77页。

二、参考答案

题号	1	2	3	4	5	6	7	8	9
答案	C	D	D	C	D	DE	CDE	ABCD	C
题号	10	11	12	13	14	15	16	17	18
答案	D	A	B	B	CDE	BD	ABDE	D	B
题号	19	20	21	22	23	24	25	26	27
答案	B	C	D	BDE	ABE	ACDE	B	BD	C
题号	28	29	30	31	32	33	34	35	36
答案	A	D	A	D	D	B	C	ABD	D
题号	37	38	39	40	41	42	43	44	45
答案	ACD	D	C	D	D	C	A	C	D
题号	46	47	48	49	50	51	52	53	54
答案	A	D	ACE	B	A	D	D	ABDE	ABE
题号	55	56	57	58	59	60	61	62	63
答案	BCDE	D	C	BCD	ADE	BD	ABDE	B	D
题号	64	65	66	67	68	69	70	71	72
答案	A	ABCD	C	C	ACD	B	B	D	ACE
题号	73	74	75	76	77	78	79	80	81
答案	C	C	C	ACE	B	B	D	B	B
题号	82	83	84	85	86	87	88	89	90
答案	A	D	DE	D	C	D	B	C	BCE

（续）

题号	91	92	93	94	95	96	97	98	99
答案	A	B	A	D	B	B	A	A	D
题号	100	101	102	103	104	105	106	107	108
答案	A	C	ABC	CE	BCDE	ABC	C	A	AB
题号	109								
答案	B								

三、2023考点预测

考点一：建筑分类

考点二：基础、墙体、散水及保温防水工程的细部构造

考点三：厂房的承重结构

第二节 道路、桥梁、涵洞工程的分类、组成及构造

考点一：道路工程

考点二：桥梁工程

考点三：涵洞工程

一、经典真题及解析

1. **【2022年真题】**可以设置公共建筑出入口，但相邻出入口的间距不宜小于80m的城市道路是（　　）。

A. 快速路　　B. 主干路

C. 次干路　　D. 支路

【解析】 参见教材第80页。

2. **【2022年真题】**下列路基形式中，每隔15~20m应设置一道伸缩缝的是（　　）。

A. 填土路基　　B. 填石路基

C. 砌石路基　　D. 挖方路基

【解析】 参见教材第83页。

3. **【2022年真题】**为保证车辆在停车场内不因自重引起滑溜，要求停车场与通道垂直方向的最大纵坡为（　　）。

A. 1%　　B. 1.5%

C. 2%　　D. 3%

【解析】 参见教材第 87 页。

4. 【2021 年真题】在半填半挖土质路基填挖衔接处，应采用的施工措施为（　　）。

A. 防止超挖　　B. 台阶开挖

C. 倾斜开挖　　D. 超挖回填

【解析】 参见教材第 84 页。

5. 【2021 年真题】下列路面结构中，主要保证扩散载荷和水稳定性的有（　　）。

A. 底基层　　B. 基层　　C. 中间面层

D. 表面层　　E. 垫层

【解析】 参见教材第 84 页。

6. 【2020 年真题】三级公路应采用的面层类型（　　）。

A. 沥青混凝土　　B. 水泥混凝土

C. 沥青碎石　　D. 半整齐石块

【解析】 参见教材第 86 页。

7. 【2020 年真题】砌石路基沿线遇到基础地质条件明显变化时应（　　）。

A. 设置挡土墙　　B. 将地基做成台阶

C. 设置伸缩缝　　D. 设置沉降缝

【解析】 参见教材第 83 页。

8. 【2020 年真题】桥面采用防水混凝土铺装的（　　）。

A. 要另设面层承受车轮

B. 可不另设面层而直接承受车轮荷载

C. 不宜在混凝土中铺设钢筋

D. 不宜在其上铺筑沥青表面磨耗层

【解析】 参见教材第 90 页。

9. 【2020 年真题】悬臂梁桥的结构特点是（　　）。

A. 悬臂跨与挂孔跨交替布置　　B. 通常为偶数跨布置

C. 多跨在中间支座处连接　　D. 悬臂跨与挂孔跨分左右岸布置

【解析】 参见教材第 93 页。

10. 【2020 年真题】单向机动车道数不小于三条的城市道路横断面必须设置（　　）。

A. 机动车道　　B. 非机动车道

C. 人行道　　D. 应急车道

E. 分车带

【解析】 参见教材第 81、82 页。

11. 【2019 年真题】相对中级路面而言，高级路面的结构组成增加了（　　）。

A. 磨耗层　　B. 底基层　　C. 保护层

D. 联结层　　E. 垫层

【解析】 参见教材第 82 页。

12. 【2018 年真题】公路设计等级选取应优先考虑（　　）。

A. 年平均日设计交通量　　B. 路基强度

C. 路面材料　　D. 交通设施

【解析】 参见教材第 80 页。

13. 【2018 年真题】三级公路的面层多采用（　　）。

A. 沥青贯入式路面　　B. 粒料加固土路面

C. 水泥混凝土路面　　D. 沥青混凝土路

【解析】 参见教材第 86 页。

14. 【2017 年真题】两个以上交通标志在一根支柱上并设时，其从左到右排列正确的顺序是（　　）。

A. 禁令、警告、指示　　B. 指示、警告、禁令

C. 警告、指示、禁令　　D. 警告、禁令、指示

【解析】 参见教材第 89 页。

15. 【2017 年真题】在少雨干燥地区，四级公路适宜使用的沥青路面面层是（　　）。

A. 沥青碎石混合料　　B. 双层式乳化沥青碎石混合料

C. 单层式乳化沥青碎石混合料　　D. 沥青混凝混合料

【解析】 参见教材第 86 页。

16. 【2016 年真题】交通量达到饱和和状态的次干路设计年限应为（　　）。

A. 5 年　　B. 10 年

C. 15 年　　D. 20 年

【解析】 参见教材第 80 页。

17. 【2016 年真题】砌石路基的砌石高度最高可达（　　）。

A. 5m　　B. 10m　　C. 15m　　D. 20m

【解析】 参见教材第 83 页。

18. 【2015 年真题】设计速度小于等于 60km/h，每条大型车道的宽度宜为（　　）。

A. 3.25m　　B. 3.30m　　C. 3.50m　　D. 3.75m

【解析】 参见教材第 81 页。

19. 【2015 年真题】护肩路基的护肩高度一般应为（　　）。

A. 不小于 1.0m　　B. 不大于 1.0m

C. 不小于 2.0m　　D. 不大于 2.0m

【解析】 参见教材第 83 页。

20. 【2015 年真题】填隙碎石可用于（　　）。

A. 一级公路底基层　　B. 一级公路基层　　C. 二级公路底基层

D. 三级公路基层　　E. 四级公路基层

【解析】 参见教材第 85 页。

21. **【2014年真题】**级配砾石可用于（　　）。

A. 高级公路沥青混凝土路面的基层　　B. 高速公路水泥混凝土路面的基层

C. 一级公路沥青混凝土路面的基层　　D. 各级沥青碎石路面的基层

【解析】 参见教材第85页。

22. **【2014年真题】**土基上的高级路面相对中级路面而言，道路的结构层中增设了（　　）。

A. 加强层　　B. 底基层　　C. 垫层

D. 联结层　　E. 过渡层

【解析】 参见教材第82页。

23. **【2013年真题】**当山坡上的填方路基有斜坡下滑倾向时应采用（　　）。

A. 护肩路基　　B. 填石路基

C. 护脚路基　　D. 填土路基

【解析】 参见教材第83页。

24. **【2013年真题】**中级路面的面层宜采用（　　）。

A. 沥青混凝土面层　　B. 水泥混凝土面层

C. 级配碎石　　D. 沥青混凝土混合料

【解析】 参见教材第87页。

25. **【2013年真题】**可用于二级公路路面基层的有（　　）。

A. 级配碎石基层　　B. 级配砾石基层　　C. 填隙碎石基层

D. 二灰土基层　　E. 石灰稳定土基层

【解析】 参见教材第85页。

26. **【2012年真题】**关于道路工程填方路基的说法，正确的是（　　）。

A. 砌石路基，为保证其整体性不宜设置变形缝

B. 护肩路基，其护肩的内外侧均应直立

C. 护脚路基，其护脚内外侧坡坡度宜为1∶5

D. 用粗粒土做路基填料时，不同填料应混合填筑

【解析】 参见教材第83页。

27. **【2012年真题】**在地面自然横坡陡于1∶5的斜坡上修筑半填半挖路堤时，其基底应开挖台阶，具体要求是（　　）。

A. 台阶宽度不小于0.8m　　B. 台阶宽度不大于1.0m

C. 台阶底应保持水平　　D. 台阶底应设2%~4%的内倾坡

【解析】 参见教材第83、84页。

28. **【2012年真题】**一般公路，其路肩横坡应满足的要求是（　　）。

A. 路肩横坡应小于路面横坡　　B. 路肩横坡应采用内倾横坡

C. 路肩横坡与路面横坡坡度应一致　　D. 路肩横坡应大于路面横坡

【解析】 参见教材第84页。

29. **【2012年真题】** 适宜于高速公路路面基层是（　　）。

A. 水泥稳定土基层　　B. 石灰稳定土基层

C. 二灰工业废渣稳定土基层　　D. 级配碎石基层

【解析】 参见教材第85页。

30. **【2012年真题】** 道路工程中，常见的路基形式一般有（　　）。

A. 填方路基　　B. 天然路基　　C. 挖方路基

D. 半填半挖路基　　E. 结构物路基

【解析】 参见教材第83页。

31. **【2011年真题】** 在道路工程中，可用于高速公路及一级公路的基层是（　　）。

A. 级配碎石基层　　B. 石灰稳定土基层

C. 级配砾石基层　　D. 填隙碎石基层

【解析】 参见教材第85页。

32. **【2011年真题】** 通常情况下，高速公路采用的面层类型是（　　）。

A. 沥青碎石面层　　B. 沥青混凝土面层

C. 粒料加固土面层　　D. 沥青表面处治面层

【解析】 参见教材第86页。

33. **【2011年真题】** 关于道路交通标志的说法，正确的有（　　）。

A. 主标志应包括警告、禁令、指示及指路标志等

B. 辅助标志不得单独设置

C. 通常设在车辆行进方向道路的左侧醒目位置

D. 设置高度应保证其下沿至地面高度有1.8~2.5m

E. 交通标志包括交通标线和信号灯等设施

【解析】 参见教材第89页。

34. **【2010年真题】** 在城市道路上，人行天桥宜设置在（　　）。

A. 重要建筑物附近　　B. 重要城市风景区附近

C. 商业网点集中的地段　　D. 旧城区商业街道

【解析】 参见教材第88页。

35. **【2009年真题】** 高速公路的路面面层，宜选用（　　）。

A. 沥青混凝土混合料　　B. 沥青碎石混合料

C. 乳化沥青碎石混合料　　D. 沥青表面处治

【解析】 参见教材第86页。

36. **【2009年真题】** 停车场与通道平行方向的纵坡坡度应（　　）。

A. 不超过3%　　B. 不小于1%　　C. 不小于3%　　D. 不超过1%

【解析】 参见教材第87页。

37. **【2008年真题】** 面层宽度14m的混凝土道路，其垫层宽度应为（　　）。

A. 14m　　B. 15m　　C. 15.5m　　D. 16m

【解析】 参见教材第 84 页。

38. **【2008 年真题】**采用沥青碎石混合料作为面层铺筑材料的公路，对应的公路等级是（　　）。

A. 高速公路　　B. 一级公路　　C. 二级公路

D. 三级公路　　E. 次高级公路

【解析】 参见教材第 86 页。

39. **【2007 年真题】**坚硬岩石陡坡上半挖半填且填方量较小的路基，可修筑成（　　）。

A. 填石路基　　B. 砌石路基

C. 护肩路基　　D. 护脚路基

【解析】 参见教材第 83 页。

40. **【2007 年真题】**高速公路沥青路面的面层应采用（　　）。

A. 沥青混凝土　　B. 沥青碎石

C. 乳化沥青碎石　　D. 沥青表面处治

【解析】 参见教材第 86 页。

41. **【2007 年真题】**二级公路路面的基层可选用（　　）。

A. 水泥稳定土基层　　B. 石灰稳定土基层

C. 石灰工业废渣稳定土基层　　D. 级配砾石基层

E. 填隙碎石基层

【解析】 参见教材第 85 页。

42. **【2006 年真题】**基础地质条件变化不大的地段，砌石路基的伸缩缝间距一般应约为（　　）。

A. 6~10m　　B. 10~15m　　C. 15~20m　　D. 20~30m

【解析】 参见教材第 83 页。

43. **【2006 年真题】**沥青路面结构的基本层次一般包括（　　）。

A. 面层　　B. 基层　　C. 磨耗层

D. 底基层　　E. 垫层

【解析】 参见教材第 84 页。

44. **【2005 年真题】**高速公路、一级公路沥青路面应采用（　　）。

A. 沥青混凝土混合料面层　　B. 沥青贯入式面层

C. 乳化沥青碎石面层　　D. 沥青表面处治面层

【解析】 参见教材第 86 页。

45. **【2005 年真题】**路面结构中的基层材料必须具有（　　）。

A. 足够的强度、刚度和水稳性

B. 足够的刚度、良好的耐磨性和不透水性

C. 足够的强度、良好的水稳性和扩散荷载的能力和抗冻性

D. 良好的抗冻性、耐污染性和水稳性

【解析】 参见教材第 84 页。

46. 【2005 年真题】道路工程中的路面等级可划分为高级路面、次高级路面、中级路面和低级路面等，其划分的依据有（　　）。

A. 道路系统的定位　　B. 面层材料的组成

C. 路面所能承担的交通任务　　D. 结构强度

E. 使用的品质

【解析】 参见教材第 85 页。

47. 【2004 年真题】高速公路的路面基层宜选用（　　）。

A. 石灰稳定土基层　　B. 级配碎石基层

C. 级配砾石基层　　D. 填隙碎石基层

【解析】 参见教材第 85 页。

48. 【2022 年真题】在设计桥面较宽的预应力混凝土梁桥和跨度较大的斜交桥和弯桥时，宜采用的桥梁结构为（　　）。

A. 简支板桥　　B. 肋梁式简支梁桥

C. 箱形简支梁桥　　D. 悬索桥

【解析】 参见教材第 93 页。

49. 【2022 年真题】以下属于桥梁下部结构的是（　　）。

A. 桥墩　　B. 桥台

C. 桥梁支座　　D. 墩台基础

E. 桥面结构

【解析】 参见教材第 89 页。

50. 【2021 年真题】桥面较宽、跨度较大的预应力混凝土梁桥，应优先选用的桥梁形式为（　　）。

A. 箱型简支梁桥　　B. 肋梁式简支梁桥

C. 装配式简支梁桥　　D. 整体式简支梁桥

【解析】 参见教材第 93 页。

51. 【2021 年真题】为使桥墩轻型化，除在多跨桥两端放置刚性较大的桥台外，中墩应采用的桥墩类型为（　　）。

A. 拼装式桥墩　　B. 柔性桥墩

C. 柱式桥墩　　D. 框架桥墩

【解析】 参见教材第 97 页。

52. 【2019 年真题】混凝土斜拉桥属于典型的（　　）。

A. 梁式桥　　B. 悬索桥　　C. 刚架桥　　D. 组合式桥

【解析】 参见教材第 95 页。

53. 【2019 年真题】适用柔性排架桥墩的桥梁是（　　）。

A. 墩台高度 9m 的桥梁　　B. 墩台高度 12m 的桥梁

C. 跨径 10m 的桥梁　　D. 跨径 15m 的桥梁

【解析】 参见教材第 97 页。

54. 【2019 年真题】关于桥梁工程中的管柱基础，下列说法正确的是（　　）。

A. 可用于深水或海中的大型基础　　B. 所需机械设备较少

C. 适用于有严重地质缺陷地区　　D. 施工方法和工艺比较简单

【解析】 参见教材第 98 页。

55. 【2018 年真题】柔性桥墩的主要技术特点在于（　　）。

A. 桥台和桥墩柔性化　　B. 桥墩支座固定化

C. 平面框架代替墩身　　D. 桥墩轻型化

【解析】 参见教材第 97 页。

56. 【2018 年真题】关于斜拉桥的方法，正确的有（　　）。

A. 是典型的悬索结构

B. 是典型的梁式结构

C. 是悬索结构和梁式结构的组合

D. 由主梁、拉索和索塔组成的组合结构体系

E. 由主梁和索塔受力，拉索起装饰作用

【解析】 参见教材第 95 页。

57. 【2017 年真题】沥青混凝土铺装在桥跨伸缩缝上坡侧现浇带与沥青混凝土相接处应设置（　　）。

A. 渗水管　　B. 排水管　　C. 导流管　　D. 雨水管

【解析】 参见教材第 91 页。

58. 【2017 年真题】大跨度悬索桥的加劲梁主要用于承受（　　）。

A. 桥面荷载　　B. 横向水平力　　C. 纵向水平力　　D. 主缆索荷载

【解析】 参见教材第 95 页。

59. 【2016 年真题】大跨径悬索桥一般优先考虑采用（　　）。

A. 平行钢丝束钢缆索和预应力混凝土加劲梁

B. 平行钢丝束钢缆主缆索和钢结构加劲梁

C. 钢丝绳钢缆主缆索和预应力混凝土加劲梁

D. 钢丝绳钢缆索和钢结构加劲梁

【解析】 参见教材第 95 页。

60. 【2016 年真题】桥梁按承重结构划分有（　　）。

A. 格构桥　　B. 梁式桥　　C. 拱式桥

D. 刚架桥　　E. 悬索桥

【解析】 参见教材第 92~94 页。

61. 【2014 年真题】大跨度悬索桥的刚架式桥塔通常采用（　　）。

A. T 型截面　　B. 箱型截面　　C. Ⅰ型截面　　D. Ⅱ型截面

【解析】 参见教材第 95 页。

62. 【2014 年真题】地基承载力较低、台身较高、跨径较大的桥梁，应优先采用（ ）。

A. 重力式桥台　　B. 轻型桥台

C. 埋置式桥台　　D. 框架式桥台

【解析】 参见教材第 98 页。

63. 【2013 年真题】桥面横坡一般采用（ ）。

A. 0.3%~0.5%　　B. 0.5%~1.0%

C. 1.5%~3%　　D. 3% ~4%

【解析】 参见教材第 91 页。

64. 【2013 年真题】中小跨桥梁实体桥墩的墩帽厚度，不应小于（ ）。

A. 0.2m　　B. 0.3m　　C. 0.4m　　D. 0.5m

【解析】 参见教材第 96 页。

65. 【2012 年真题】桥梁上栏杆间距通常应为（ ）。

A. 1.0m　　B. 1.2m　　C. 1.6m

D. 2.5m　　E. 2.7m

【解析】 参见教材第 92 页。

66. 【2011 年真题】当桥梁跨径在 8~16m 时，简支板桥一般采用（ ）。

A. 钢筋混凝土实心板桥　　B. 钢筋混凝土空心倾斜预制板桥

C. 预应力混凝土空心预制板桥　　D. 预应力混凝土实心预制板桥

【解析】 参见教材第 93 页。

67. 【2011 年真题】关于空心桥墩构造的说法，正确的是（ ）。

A. 钢筋混凝土墩身壁厚不小于 300mm　　B. 墩身泄水孔直径不宜大于 200mm

C. 薄壁空心墩应按构造要求配筋　　D. 高墩沿墩身每 600mm 设置一横隔板

【解析】 参见教材第 96、97 页。

68. 【2010 年真题】钢筋混凝土空心桥墩墩身的壁厚宜为（ ）。

A. 100~120mm　　B. 120~200mm

C. 200~300mm　　D. 300~500mm

【解析】 参见教材第 96 页。

69. 【2010 年真题】桥梁中的组合体系拱桥，按构造方式和受力特点可以分为（ ）。

A. 梁拱组合桥　　B. 桁架拱桥　　C. 刚架拱桥

D. 桁式组合拱桥　　E. 拱式组合体系桥

【解析】 参见教材第 94 页。

70. 【2009 年真题】对较宽的桥梁，可直接将其行车道板做成双向倾斜的横坡，与设置角垫层的做法相比，这种做法会（ ）。

A. 增加混凝土用量　　B. 增加施工的复杂性

C. 增加桥面恒载　　D. 简化主梁构造

【解析】 参见教材第 91 页。

71. 【2008 年真题】拱式桥在竖向荷载作用下，两拱脚处不仅产生竖向反力，还产生（　　）。

A. 水平推力　　B. 水平拉力

C. 剪力　　D. 扭矩

【解析】 参见教材第 93 页。

72. 【2008 年真题】为满足桥面变形要求，伸缩缝通常设置在（　　）。

A. 两梁端之间　　B. 每隔 50m 处　　C. 梁端与桥台之间

D. 桥梁的铰接处　　E. 每隔 70m 处

【解析】 参见教材第 91、92 页。

73. 【2007 年真题】温差较大的地区且跨径较大的桥梁上应选用（　　）。

A. 镀锌薄钢板伸缩缝　　B. U 型钢板伸缩缝

C. 梳型钢板伸缩缝　　D. 橡胶伸缩缝

【解析】 参见教材第 92 页。

74. 【2006 年真题】不设人行道的桥面上，其两边所设安全带的宽度应（　　）。

A. 不小于 2.0m　　B. 不小于 1.0m

C. 不小于 0.75m　　D. 不小于 0.25m

【解析】 参见教材第 92 页。

75. 【2005 年真题】桥面较宽、跨度较大的斜交桥和弯桥宜选用的桥型是（　　）。

A. 钢筋混凝土实心板桥　　B. 钢筋混凝土箱型简支梁桥

C. 钢筋混凝土肋梁式简支梁桥　　D. 钢筋混凝土拱式桥

【解析】 参见教材第 93 页。

76. 【2004 年真题】当水文地质条件复杂，特别是深水岩面不平且无覆盖层时，桥梁墩台基础宜选用（　　）。

A. 沉井基础　　B. 桩基础

C. 管柱基础　　D. 扩大基础

【解析】 参见教材第 98 页。

77. 【2021 年真题】路基顶面高程低于横穿沟渠水面高程时，可优先考虑设置的涵洞形式为（　　）。

A. 无压式涵洞　　B. 压力式涵洞

C. 倒虹吸管涵　　D. 半压力式涵洞

【解析】 参见教材第 97 页。

78. 【2019 年真题】关于涵洞下列说法正确的是（　　）。

A. 涵洞的截面形式仅有圆形和矩形两类

B. 涵洞的孔径根据地质条件确定

C. 圆形管涵不采用提高节

D. 圆管涵的过水能力比盖板涵大

【解析】参见教材第99~101页。

79.【2018年真题】跨越深沟的高路堤公路涵洞，适用的形式是（　　）。

A. 圆管涵　　B. 盖板涵　　C. 拱涵　　D. 箱涵

【解析】参见教材第99页。

80.【2017年真题】涵洞工程，以下说法正确的有（　　）。

A. 圆管涵不需设置墩台

B. 箱涵适用于高路堤河堤

C. 圆管涵适用于低路堤

D. 拱涵适用于跨越深沟

E. 盖板涵在结构形式方面有利于低路堤使用

【解析】参见教材第99页。

81.【2016年真题】一般圆管涵的纵坡不超过（　　）。

A. 0.4%　　B. 2%　　C. 5%　　D. 10%

【解析】参见教材第100页。

82.【2014年真题】根据地形和水流条件，涵洞的洞底纵坡应为12%，此涵洞的基础应（　　）。

A. 做成连续纵坡　　B. 在底部每隔3~5m设防滑横墙

C. 做成阶梯形状　　D. 分段做成阶梯形

【解析】参见教材第100页。

83.【2011年真题】通常情况下，造价不高且适宜在低路堤上使用的涵洞形式有（　　）。

A. 刚性管涵　　B. 盖板涵　　C. 明涵

D. 箱涵　　E. 四铰式管涵

【解析】参见教材第99页。

84.【2010年真题】非整体式拱涵基础的适用条件是（　　）。

A. 拱涵地基为较密实的砂土　　B. 拱涵地基为较松散的砂土

C. 孔径小于2m的涵洞　　D. 允许承载力200~300kPa的地基

【解析】参见教材第102页。

85.【2009年真题】拱涵轴线与路线斜交时，采用斜洞口比采用正洞口（　　）。

A. 洞口端部工程量大　　B. 水流条件差

C. 洞口端部施工难度大　　D. 路基稳定性好

【解析】参见教材第101页。

86.【2008年真题】在常用的涵洞洞口建筑形式中，泄水能力较强的是（　　）。

A. 端墙式　　B. 八字式

C. 井口式　　D. 正洞口式

【解析】参见教材第101页。

87. 【2007 年真题】在有较大排洪量、地质条件较差、路堤高度较小的设涵处，宜采用（　　）。

A. 圆管涵　B. 盖板涵　C. 拱涵　D. 箱涵

【解析】 参见教材第 101 页。

88. 【2006 年真题】当涵洞洞底纵坡为 6%时，通常采用的设计方案是（　　）。

A. 洞底顺直，基础底部不设防滑横墙

B. 洞底顺直，基础底部加设防滑横墙

C. 基础做成连续阶梯形

D. 基础分段做成阶梯形

E. 设置跌水井

【解析】 参见教材第 100 页。

89. 【2005 年真题】涵洞的组成主要包括（　　）。

A. 洞身　B. 端墙　C. 洞口建筑

D. 基础　E. 附属工程

【解析】 参见教材第 100 页。

90. 【2004 年真题】山区公路跨过山谷的路堤较高，泄洪涵洞埋置较深，根据泄洪流量可选用的泄洪涵洞形式有（　　）。

A. 明涵　B. 圆管涵　C. 盖板涵

D. 拱涵　E. 箱涵

【解析】 参见教材第 99 页。

二、参考答案

题号	1	2	3	4	5	6	7	8	9
答案	C	C	D	D	BE	C	D	B	A
题号	10	11	12	13	14	15	16	17	18
答案	ABCE	BD	A	A	D	C	C	C	C
题号	19	20	21	22	23	24	25	26	27
答案	D	ACDE	D	BD	C	C	ABDE	B	D
题号	28	29	30	31	32	33	34	35	36
答案	D	D	ACD	A	B	AB	C	A	D
题号	37	38	39	40	41	42	43	44	45
答案	B	DE	C	A	ABCD	C	ABE	A	C
题号	46	47	48	49	50	51	52	53	54
答案	BCDE	B	C	ABD	A	B	D	C	A
题号	55	56	57	58	59	60	61	62	63
答案	D	CD	A	B	B	BCDE	B	D	C

（续）

题号	64	65	66	67	68	69	70	71	72
答案	B	CDE	C	A	D	BCDE	B	A	ACD
题号	73	74	75	76	77	78	79	80	81
答案	C	D	B	C	C	C	C	ADE	C
题号	82	83	84	85	86	87	88	89	90
答案	D	BC	A	C	B	B	BC	ACDE	BDE

三、2023考点预测

考点一：道路的组成

考点二：承载结构的细部划分

考点三：涵洞基础

第三节　地下工程的分类、组成及构造

考点一：地下工程的分类

考点二：主要地下工程组成及构造

一、经典真题及解析

1. 【**2022年真题**】在设计城市地下管网时，常规做法是在人行道下方设置（　　）。

A. 热力管网　　B. 自来水管道

C. 污水管道　　D. 煤气管道

【**解析**】　参见教材第107页。

2. 【**2022年真题**】市政的缆线共同沟应埋设在街道的（　　）。

A. 建筑物与红线之间地带下方

B. 分车带下方

C. 中心线下方

D. 人行道下方

【**解析**】　参见教材第108页。

3. 【**2021年真题**】地铁车站的主体除站台、站厅外，还应包括的内容为（　　）。

A. 设备用房　　B. 通风道

C. 地面通风亭　　D. 出入口及通道

【**解析**】　参见教材第104页。

4. 【**2021年真题**】将地面交通枢纽与地下交通枢纽有机组合，联合开发建设的大型地下综合体，其类型属于（　　）。

A. 道路交叉口型　　B. 站前广场型

C. 副都心型　　D. 中心广场型

【解析】 参见教材第 109 页。

5. **【2020 年真题】**地铁车站中不宜分期建成的是（　　）。

A. 地面车站的土建工程　　B. 高架车站的土建工程

C. 车站地面建筑物　　D. 地下车站的土建工程

【解析】 参见教材第 104 页。

6. **【2020 年真题】**地下批发总贮库的布置应优先考虑（　　）。

A. 尽可能靠近铁路干线

B. 与铁路干线有一定距离

C. 尽可能接近生活居住区中心

D. 尽可能接近地面销售分布密集区域

【解析】 参见教材第 110 页。

7. **【2016 年真题】**地下油库的埋深一般不少于（　　）。

A. 10m　　B. 15m　　C. 25m　　D. 30m

【解析】 参见教材第 103 页。

8. **【2006 年真题】**地下危险品仓库和冷库一般应布置在（　　）。

A. 地表-10m 深度空间　　B. -10m 至-30m 深度空间

C. -30m 以下深度空间　　D. -50m 以下深度空间

【解析】 参见教材第 103 页。

9. **【2019 年真题】**城市交通建设地下铁路根本决策依据是（　　）。

A. 地形与地质条件　　B. 城市交通现状

C. 公共财政预算收入　　D. 市民的广泛诉求

【解析】 参见教材第 103 页。

10. **【2019 年真题】**市政支线共同沟应设置于（　　）。

A. 道路中央下方　　B. 人行道下方

C. 非机动车道下方　　D. 分隔带下方

【解析】 参见教材第 108 页。

11. **【2018 年真题】**地铁的土建工程可一次建成，也可分期建设，但以下设施中，宜一次建成的是（　　）。

A. 地面车站　　B. 地下车站

C. 高架车站　　D. 地面建筑

【解析】 参见教材第 104 页。

12. **【2018 年真题】**城市地下综合管廊建设中，明显增加工程造价的管线布置为（　　）。

A. 电力、电信线路　　B. 燃气管路

C. 给水管路　　　　　　　　　　　　　　D. 污水管路

【解析】 参见教材第 107 页。

13. **【2017 年真题】**优先发展道交叉口型地下综合体，其主要目的是考虑（　　）。

A. 商业设施布点与发展　　　　　　　　　B. 民防因素

C. 市政道路改造　　　　　　　　　　　　D. 解决人行过街交通

【解析】 参见教材第 109 页。

14. **【2017 年真题】**地铁车站的通过能力应按该站远期超高峰设计客流量确定。超高峰设计客流量为该站预测远期高峰小时客流量的（　　）。

A. 1.1~1.4 倍　　　　　　　　　　　　B. 1.1~1.5 倍

C. 1.2~1.4 倍　　　　　　　　　　　　D. 1.2~1.5 倍

【解析】 参见教材第 104 页。

15. **【2016 年真题】**在我国，无论是南方还是北方，市政管线埋深均超过 1.5m 的是（　　）。

A. 给水管道　　　　　　　　　　　　　B. 排水管道

C. 热力管道　　　　　　　　　　　　　D. 电力管道

【解析】 参见教材第 106 页。

16. **【2015 年真题】**影响地下铁路建设决策的主要因素是（　　）。

A. 城市交通现状　　　　　　　　　　　B. 城市规模

C. 人口数量　　　　　　　　　　　　　D. 经济实力

【解析】 参见教材第 103 页。

17. **【2015 年真题】**一般地下食品贮库应布置在（　　）。

A. 距离城区 10km 以外　　　　　　　　B. 距离城区 10km 以内

C. 居住区内的城市交通干道　　　　　　D. 居住区外的城市交通干道上

【解析】 参见教材第 110 页。

18. **【2014 年真题】**综合考虑排水与通风，公路隧道的纵坡 i 应是（　　）。

A. $0.1\% \leq i \leq 1\%$　　　　　　　　B. $0.3\% \leq i \leq 3\%$

C. $0.4\% \leq i \leq 4\%$　　　　　　　　D. $0.5\% \leq i \leq 5\%$

【解析】 参见教材第 105 页。

19. **【2014 年真题】**街道宽度大于 60m 时，自来水和污水管道应埋设于（　　）。

A. 分车带　　　　　　　　　　　　　　B. 街道内两侧

C. 人行道　　　　　　　　　　　　　　D. 行车道

【解析】 参见教材第 107 页。

20. **【2013 年真题】**城市地下冷库一般都设在（　　）。

A. 城市中心　　　　　　　　　　　　　B. 郊区

C. 地铁站附近　　　　　　　　　　　　D. 汽车站附近

【解析】 参见教材第 110 页。

21. **【2012年真题】**地下公路隧道的纵坡坡度通常应（　　）。

A. 小于0.3%　　B. 在0.3%~3%之间

C. 大于3%　　D. 在3%~5%之间

【解析】 参见教材第105页。

22. **【2012年真题】**城市地下贮库建设应满足的要求有（　　）。

A. 应选择岩性比较稳定的岩层结构

B. 一般性运转贮库应设置在城市上游区域

C. 有条件时尽量设置在港口附近

D. 非军事性贮能库尽量设置在城市中心区域

E. 出入口的设置应满足交通和环境需求

【解析】 参见教材第110页。

23. **【2011年真题】**地下市政管线按覆土深度分为深埋和浅埋两类，其分界线为（　　）。

A. 0.8m　　B. 1.2m　　C. 1.4m　　D. 1.5m

【解析】 参见教材第106页。

24. **【2009年真题】**具有相同运送能力而使旅客换乘次数最少的地铁路网布置方式是（　　）。

A. 单环式　　B. 多线式　　C. 棋盘式　　D. 蛛网式

【解析】 参见教材第105页。

25. **【2009年真题】**市政管线布置，一般选择在分车带敷设（　　）。

A. 电力电缆　　B. 自来水管道

C. 污水管道　　D. 热力管道

E. 煤气管道

【解析】 参见教材第107页。

26. **【2008年真题】**地下市政管线工程的布置，正确的做法是（　　）。

A. 建筑线与红线之间的地带，用于敷设热力管网

B. 建筑线与红线之间的地带，用于敷设电缆

C. 街道宽度超过60m时，自来水管应设在街道中央

D. 人行道用于敷设通信电缆

【解析】 参见教材第107页。

27. **【2008年真题】**地下公路隧道的横断面净空，除了包括建筑限界外，还应包括（　　）。

A. 管道所占空间　　B. 监控设备所占空间

C. 车道所占空间　　D. 人行道所占空

E. 路缘带所占空间

【解析】 参见教材第106页。

28. **【2007 年真题】** 公路隧道的建筑限界包括（　　）。

A. 车道、人行道所占宽度

B. 管道、照明、防灾等设备所占空间

C. 车道、人行道的净高

D. 路肩、路缘带所占宽度

E. 监控、运行管理等设备所占空间

【解析】 参见教材第 106 页。

29. **【2006 年真题】** 地下贮库的建设，从技术和经济角度应考虑的主要因素包括（　　）。

A. 地形条件

B. 出入口的建筑形式

C. 所在区域的气候条件

D. 地质条件

E. 与流经城区江河的距离

【解析】 参见教材第 110 页。

30. **【2005 年真题】** 城市地下贮库的布置应处理好与交通的关系，对小城市的地下贮库布置起决定作用的是（　　）。

A. 市内供应线的长短

B. 对外运输的车站、码头等位置

C. 市内运输设备的类型

D. 贮库的类型和重要程度

【解析】 参见教材第 110 页。

31. **【2004 年真题】** 地下市政管线沿道路布置时，以下管线由路边向路中排列合理的是（　　）。

A. 污水管、热力管网、电缆

B. 热力管网、污水管、电缆

C. 电缆、热力管网、污水管

D. 污水管、电缆、热力管网

【解析】 参见教材第 107 页。

二、参考答案

题号	1	2	3	4	5	6	7	8	9
答案	A	D	A	B	D	B	D	C	C
题号	10	11	12	13	14	15	16	17	18
答案	B	B	D	D	A	B	D	D	B
题号	19	20	21	22	23	24	25	26	27
答案	B	B	B	ACE	D	D	BCE	B	AB
题号	28	29	30	31					
答案	ACD	BDE	B	C					

三、2023 考点预测

考点一：地下工程建造方式的划分

考点二：地下综合管廊

第三章　工程材料

第一节　建筑结构材料

考点一：建筑钢材
考点二：胶凝材料
考点三：水泥混凝土
考点四：沥青混合料
考点五：砌筑材料

一、经典真题及解析

1. **【2022 年真题】**冷轧带肋钢筋中，既可用于普通钢筋混凝土，也可用于预应力混凝土的是（　　）。

A. CRB650　　B. CRB880

C. CRB680H　　D. CRB880H

【解析】 参见教材第 112 页。

2. **【2021 年真题】**钢材的强屈比越大，其性能特点正确的为（　　）。

A. 结构安全性越高　　B. 结构安全性越低

C. 有效利用率越高　　D. 冲击韧性越低

【解析】 参见教材第 115 页。

3. **【2021 年真题】**下列钢筋牌号中，可用于预应力钢筋混凝土的有（　　）。

A. CRB600H　　B. CRB680H　　C. CRB800H

D. CRB650　　E. CRB800

【解析】 参见教材第 112 页。

4. **【2020 年真题】**制作预应力混凝土轨枕采用的预应力混凝土钢材应为（　　）。

A. 钢丝　　B. 钢绞线

C. 热处理钢筋　　D. 冷轧带肋钢筋

【解析】 参见教材第 113 页。

5. **【2020 年真题】**表示钢材抗拉性能的技术指标主要有（　　）。

A. 屈服强度　　B. 冲击韧性

C. 抗拉强度　　D. 硬度

E. 伸长率

【解析】 参见教材第 114 页。

6. 【2019 年真题】钢材 CDW550 主要用于（ ）。

A. 地铁钢轨 B. 预应力钢筋

C. 吊车梁主筋 D. 构造钢筋

【解析】 参见教材第 113 页。

7. 【2019 年真题】常用于普通钢筋混凝土的冷轧带肋钢筋有（ ）。

A. CRB650 B. CRB800 C. CRB550

D. CRB600H E. CRB680H

【解析】 参见教材第 112 页。

8. 【2018 年真题】大型屋架、大跨度桥梁等大负荷预应力混凝土结构中应优先选用（ ）。

A. 冷轧带肋钢筋 B. 预应力混凝土钢绞线

C. 冷拉热轧钢筋 D. 冷拔低碳钢丝

【解析】 参见教材第 113 页。

9. 【2017 年真题】对于钢材的塑性变形及伸长率，以下说法正确的是（ ）。

A. 塑性变形在标距内分布是均匀的 B. 伸长率的大小与标距长度有关

C. 离颈缩部位越远变形越大 D. 同一种钢材，A_5 应小于 A_{10}

【解析】 参见教材第 115 页。此考点教材有改动。

10. 【2016 年真题】压型钢板多用于（ ）。

A. 屋面板 B. 墙板 C. 平台板

D. 楼板 E. 装饰板

【解析】 参见教材第 114 页。此考点教材有改动。

11. 【2014 年真题】热轧钢筋的级别提高，则其（ ）。

A. 屈服强度提高，极限强度下降 B. 极限强度提高，塑性提高

C. 屈服强度提高，塑性下降 D. 屈服强度提高，塑性提高

【解析】 参见教材第 115 页。此考点教材有改动。

12. 【2013 年真题】可用于预应力混凝土板的钢材（ ）。

A. 乙级冷拔低碳钢丝 B. CRB550 冷拔带肋钢筋

C. HPB335 D. 热处理钢筋

【解析】 参见教材第 113 页。此考点教材有改动。

13. 【2010 年真题】表征钢筋抗拉性能的技术指标主要是（ ）。

A. 疲劳极限，伸长率 B. 屈服强度，伸长率

C. 塑性变形，屈强比 D. 弹性变形，屈强比

【解析】 参见教材第 114、115 页。

14. 【2008 年真题】关于钢筋性能，说法错误的是（ ）。

A. 设计时应以抗拉强度作为钢筋强度取值的依据

B. 伸长率表征了钢材的塑性变形能力

C. 屈强比太小，反映钢材不能有效地被利用

D. 冷弯性能是钢材的重要工艺性能

【解析】 参见教材第115页。

15. 【2007年真题】与热轧钢筋相比，冷拉热轧钢筋的特点是（　　）。

A. 屈服强度提高，结构安全性降低

B. 抗拉强度提高，结构安全性提高

C. 屈服强度降低，伸长率降低

D. 抗拉强度降低，伸长率提高

【解析】 参见教材第112页。

16. 【2004年真题】影响钢材冲击韧性的重要因素有（　　）。

A. 钢材化学成分

B. 所承受荷载的大小

C. 钢材内在缺陷

D. 环境温度

E. 钢材组织状态

【解析】 参见教材第115页。

17. 【2022年真题】决定石油沥青温度敏感性和黏性的重要组分是（　　）。

A. 油分

B. 树脂

C. 沥青质

D. 沥青碳

【解析】 参见教材第122页。

18. 【2022年真题】下列常用水泥中，适用于大体积混凝土工程的有（　　）。

A. 硅酸盐水泥

B. 普通硅酸盐水泥

C. 矿渣硅酸盐水泥

D. 火山灰硅酸盐水泥

E. 粉煤灰硅酸盐水泥

【解析】 参见教材第120页表3.1.3。

19. 【2021年真题】高温车间主体结构的混凝土配制优先选用的水泥品种为（　　）。

A. 粉煤灰硅酸盐水泥

B. 普通硅酸盐水泥

C. 硅酸盐水泥

D. 矿渣硅酸盐水泥

【解析】 参见教材第120页。

20. 【2021年真题】下列橡胶改性沥青中，既具有良好的耐高温又具有优异低温特性和耐疲劳性的为（　　）。

A. 丁基橡胶改性沥青

B. 氯丁橡胶改性沥青

C. SBS改性沥青

D. 再生橡胶改性沥青

【解析】 参见教材第124页。

21. 【2021年真题】泵送混凝土宜选用的砂为（　　）。

A. 粗砂

B. 中砂

C. 细砂

D. 3区砂

【解析】 参见教材第127页。

22. **【2021年真题】** 下列砖中，适合砌筑沟道或基础的为（　　）。

A. 蒸养砖　　B. 烧结空心砖

C. 烧结空心砖　　D. 烧结普通砖

【解析】 参见教材第141页。

23. **【2021年真题】** 混凝土耐久性的主要性能指标包括（　　）。

A. 保水性　　B. 抗冻性　　C. 抗渗性

D. 抗侵蚀性　　E. 抗碳化能力

【解析】 参见教材第133页。

24. **【2020年真题】** 水泥强度指（　　）。

A. 水泥净浆的强度　　B. 水泥胶砂的强度

C. 水泥混凝土的强度　　D. 水泥砂浆结石强度

【解析】 参见教材第119页。

25. **【2020年真题】** 耐酸、耐碱、耐热和绝缘的沥青制品应选用（　　）。

A. 滑石粉填充改性沥青　　B. 石灰石粉填充改性沥青

C. 硅藻土填充改性沥青　　D. 树脂改性沥青

【解析】 参见教材第125页。

26. **【2020年真题】** 关于混凝土泵送剂，说法正确的是（　　）。

A. 应用泵送剂温度不宜高于25℃

B. 过量掺入泵送剂不会造成堵泵现象

C. 宜用于蒸养混凝土

D. 泵送剂有缓凝及减水组分

【解析】 参见教材第131页。

27. **【2020年真题】** 沥青路面的面层集料采用玄武岩碎石主要是为了保证路面的（　　）。

A. 高温稳定性　　B. 低温抗裂性

C. 抗滑性　　D. 耐久性

【解析】 参见教材第141页。

28. **【2020年真题】** 干缩性较小的水泥有（　　）。

A. 硅酸盐　　B. 普通硅酸盐

C. 矿渣　　D. 火山渣

E. 粉煤灰

【解析】 参见教材第120页。

29. **【2019年真题】** 有耐火要求的混凝土应采用（　　）。

A. 硅酸盐水泥　　B. 普通硅酸盐水泥。

C. 矿渣硅酸盐水泥　　D. 火山灰质硅酸盐水泥

【解析】 参见教材第120页表3.1.3。

30. **【2019年真题】** 高等级公路路面铺筑应选用（　　）。

A. 树脂改性沥青　　B. SBS 改性沥青
C. 橡胶树脂改性沥青　　D. 矿物填充料改性沥青

【解析】 参见教材第 124 页。

31. 【2018 年真题】配置冬季施工和抗硫酸盐腐蚀施工的混凝土的水泥宜采用（　　）。

A. 铝酸盐水泥　　B. 硅酸盐水泥
C. 普通硅酸盐水泥　　D. 矿渣硅酸盐水泥

【解析】 参见教材第 121 页。

32. 【2017 年真题】水泥熟料中掺入活性混合材料，可以改善水泥性能，常用的活性材料有（　　）。

A. 粉煤灰　　B. 石英砂
C. 石灰石　　D. 矿渣粉

【解析】 参见教材第 119 页。此考点教材有改动。

33. 【2015 年真题】有抗化学侵蚀要求的混凝土多使用（　　）。

A. 硅酸盐水泥　　B. 普通硅酸盐水泥
C. 矿渣硅酸盐水泥　　D. 火山灰质硅酸盐水泥
E. 粉煤灰硅酸盐水泥

【解析】 参见教材第 120 页。

34. 【2014 年真题】受反复冰冻的混凝土结构应选用（　　）。

A. 普通硅酸盐水泥　　B. 矿渣硅酸盐水泥
C. 火山灰质硅酸盐水泥　　D. 粉煤灰硅酸盐水泥

【解析】 参见教材第 120 页。

35. 【2013 年真题】气硬性胶凝胶材料有（　　）。

A. 膨胀水泥　　B. 粉煤灰　　C. 石灰
D. 石膏　　E. 水玻璃

【解析】 参见教材第 117 页。

36. 【2012 年真题】下列水泥品种中，不适宜用于大体积混凝土工程的是（　　）。

A. 普通硅酸盐水泥　　B. 矿渣硅酸盐水泥
C. 火山灰质硅酸盐水泥　　D. 粉煤灰硅酸盐水泥

【解析】 参见教材第 120 页。

37. 【2012 年真题】铝酸盐水泥适宜用于（　　）。

A. 大体积混凝土　　B. 与硅酸盐水泥混合使用的混凝土
C. 用于蒸汽养护的混凝土　　D. 低温地区施工的混凝土

【解析】 参见教材第 121 页。

38. 【2011 年真题】判定硅酸盐水泥是否废弃的技术指标是（　　）。

A. 体积安定性　　B. 水化热
C. 水泥强度　　D. 水泥细度

【解析】 参见教材第 118 页。

39. 【2011 年真题】可用于高温要求的工业车间大体积混凝土构件的水泥是（　　）。

A. 硅酸盐水泥　　B. 普通硅酸盐水泥

C. 矿渣硅酸盐水泥　　D. 火山灰质硅酸盐水泥

【解析】 参见教材第 120 页。

40. 【2011 年真题】铝酸盐水泥主要适宜的作业范围是（　　）。

A. 与石灰混合使用　　B. 高温季节施工

C. 蒸气养护作业　　D. 交通干道抢修

【解析】 参见教材第 121 页。

41. 【2009 年真题】隧道开挖后，喷锚支护施工采用的混凝土，宜优先选用（　　）。

A. 火山灰质硅酸盐水泥　　B. 粉煤灰硅酸盐水泥

C. 硅酸盐水泥　　D. 矿渣硅酸盐水泥

【解析】 参见教材第 120 页。

42. 【2008 年真题】有耐热、耐火要求的混凝土结构的高温车间，优先选用的水泥是（　　）。

A. 硅酸盐水泥　　B. 普通硅酸盐水泥

C. 矿渣硅酸盐水泥　　D. 粉煤灰硅酸盐水泥

【解析】 参见教材第 120 页。

43. 【2007 年真题】隧洞和边坡开挖后通常采取喷射混凝土加固保护，为达到快硬、早强和高强度效果，在配制混凝土时应优先选用（　　）。

A. 硅酸盐水泥　　B. 矿渣硅酸盐水泥

C. 火山灰硅酸盐水泥　　D. 粉煤灰硅酸盐水泥

【解析】 参见教材第 120 页。

44. 【2006 年真题】高温车间的混凝土结构施工中，水泥应选用（　　）。

A. 粉煤灰硅酸盐水泥　　B. 矿渣硅酸盐水泥

C. 火山灰质硅酸盐水泥　　D. 普通硅酸盐水泥

【解析】 参见教材第 120 页。

45. 【2005 年真题】水泥的终凝时间，指的是（　　）。

A. 从水泥加水拌和起至水泥浆开始失去塑性所需的时间

B. 从水泥加水拌和起至水泥浆完全失去塑性并开始产生强度所需的时间

C. 从水泥浆开始失去塑性至完全失去塑性并开始产生强度所需的时间

D. 从水泥浆开始失去塑性至水泥浆具备特定强度所需的时间

【解析】 参见教材第 118 页。

46. 【2004 年真题】关于水泥凝结时间的描述，正确的是（　　）。

A. 硅酸盐水泥的终凝时间不得迟于 6.5h

B. 终凝时间自达到初凝时间起计算

C. 超过初凝时间，水泥浆完全失去塑性

D. 普通硅酸盐水泥的终凝时间不得迟于6.5h

【解析】 参见教材第118页。

47. 【2022年真题】下列关于粗骨料颗粒级配说法正确的是（　　）。

A. 混凝土间断级配比连续级配和易性好

B. 混凝土连续级配比间断级配易离析

C. 相比于间断级配，混凝土连续级配适用于机械振捣流动性低的干硬性拌合物

D. 连续级配是现浇混凝土最常用的级配形式

【解析】 参见教材第127页。

48. 【2022年真题】既可以提高物理流变性能又可以提高耐久性的外加剂是（　　）。

A. 速凝剂　　B. 引气剂

C. 缓凝剂　　D. 加气剂

【解析】 参见教材第129页。

49. 【2022年真题】普通混凝土和易性最敏感的影响因素是（　　）。

A. 砂率　　B. 水泥浆

C. 温度和时间　　D. 骨料品种与品质

【解析】 参见教材第132、133页。

50. 【2022年真题】关于高性能混凝土，下列说法正确的是（　　）。

A. 体积稳定性好　　B. 可减少结构断面，降低钢筋用量

C. 耐高温性好　　D. 早期收缩率随着早期强度提高而增大

E. 具有较高的密实性和抗渗性

【解析】 参见教材第134、135页。

51. 【2019年真题】除了所用水泥和骨料的品种外，通常对混凝土强度影响最大的因素是（　　）。

A. 外加剂　　B. 水灰比

C. 养护温度　　D. 养护湿度

【解析】 参见教材第132页。

52. 【2019年真题】选定了水泥、砂子和石子的品种后，混凝土配合比设计实质上是要确定（　　）。

A. 石子颗粒级配　　B. 水灰比　　C. 灰砂比

D. 单位用水量　　E. 砂率

【解析】 参见教材第134页。

53. 【2018年真题】在砂用量相同的情况下，若砂子过细，则拌制的混凝土（　　）。

A. 黏聚性差　　B. 易产生离析现象

C. 易产生泌水现象　　D. 水泥用量大

【解析】 参见教材第126页。

54. **【2018 年真题】**在正常的水量条件下，配制泵送混凝土宜掺入适量（　　）。

A. 氯盐早强剂　　B. 硫酸盐早强剂

C. 高效减水剂　　D. 硫铝酸钙膨胀剂

【解析】　参见教材第 129 页。

55. **【2018 年真题】**提高混凝土耐久性的措施有哪些（　　）。

A. 提高水泥用量　　B. 合理选用水泥品种

C. 控制水灰比　　D. 提高砂率

E. 掺用合适的外加剂

【解析】　参见教材第 133、134 页。

56. **【2018 年真题】**与普通混凝土相比，高性能混凝土的明显特性有（　　）。

A. 体积稳定性好　　B. 耐久性

C. 早期强度发展慢　　D. 抗压强度高

E. 自密实性差

【解析】　参见教材第 134、135 页。

57. **【2017 年真题】**对混凝土抗渗性起决定作用的是（　　）。

A. 混凝土内部孔隙特性　　B. 水泥强度和质量

C. 混凝土水灰比　　D. 养护的温度和湿度

【解析】　参见教材第 133 页。

58. **【2017 年真题】**高强混凝土与普通混凝土相比，说法正确的有（　　）。

A. 高强混凝土的延性比普通混凝土好

B. 高强混凝土的抗压能力优于普通混凝土

C. 高强混凝土抗拉强度与抗压强度的比值低于普通混凝土

D. 高强混凝土的最终收缩量与普通混凝土大体相同

E. 高强混凝土的耐久性优于普通混凝土

【解析】　参见教材第 135、136 页。

59. **【2016 年真题】**使用膨胀水泥主要是为了提高混凝土的（　　）。

A. 抗压强度　　B. 抗碳化

C. 抗冻性　　D. 抗渗性

【解析】　参见教材第 137 页。

60. **【2015 年真题】**用于普通混凝土的砂，最佳的细度模数为（　　）。

A. 3.7~3.1　　B. 3.0~2.3

C. 2.2~1.6　　D. 1.5~1.0

【解析】　参见教材第 126 页。

61. **【2015 年真题】**分两层摊铺的碾压混凝土，下层碾压混凝土的最大粒径不应超过（　　）。

A. 20mm　　B. 30mm

C. 40mm　　D. 60mm

【解析】 参见教材第 138 页。

62. 【2015 年真题】与普通混凝土相比，高强度混凝土的特点是（　　）。

A. 早期强度低，后期强度高　　B. 徐变引起的应力损失大

C. 耐久性好　　D. 延性好

【解析】 参见教材第 135、136 页。此考点教材有改动。

63. 【2015 年真题】设计混凝土配合比时，水灰比主要由以下指标确定（　　）。

A. 混凝土抗压强度标准值和单位用水量

B. 混凝土施工配制强度和砂率

C. 混凝土施工配制强度和水泥强度等级值

D. 混凝土抗压强度标准值和混凝土强度标准差

【解析】 参见教材第 134 页。此考点教材有改动。

64. 【2015 年真题】混凝土的耐久性主要体现在（　　）。

A. 抗压强度　　B. 抗折强度　　C. 抗冻等级

D. 抗渗等级　　E. 混凝土碳化

【解析】 参见教材第 133 页。

65. 【2014 年真题】引气剂主要能改善混凝土的（　　）。

A. 凝结时间　　B. 拌和物流变性能　　C. 耐久性

D. 早期强度　　E. 后期强度

【解析】 参见教材第 130 页。

66. 【2014 年真题】混凝土中掺入纤维材料的主要作用有（　　）。

A. 微观补强　　B. 增强抗裂缝能力

C. 增强抗冻能力　　D. 增强抗磨损能力

E. 增强抗碳化能力

【解析】 参见教材第 138、139 页。

67. 【2013 年真题】受反复冻融的结构混凝土应选用（　　）。

A. 普通硅酸盐水泥　　B. 矿渣水泥

C. 火山灰质硅酸盐水泥　　D. 粉煤灰

【解析】 参见教材第 120 页。

68. 【2013 年真题】对钢筋锈蚀作用最小的早强剂是（　　）。

A. 硫酸盐　　B. 三乙醇胺

C. 氯化钙　　D. 氯化钠

【解析】 参见教材第 130 页。

69. 【2013 年真题】混凝土强度的决定性因素有（　　）。

A. 水灰比　　B. 骨料的颗粒形状

C. 砂率　　D. 拌和物的流动性

E. 养护湿度

【解析】 参见教材第 132 页。

70. 【2012 年真题】关于混凝土立方体抗压强度的说法，正确的是（　　）。

A. 一组试件抗压强度的最低值

B. 一组试件抗压强度的算术平均值

C. 一组试件不低于 95%保证率的强度统计值

D. 一组试件抗压强度的最高值

【解析】 参见教材第 131 页。

71. 【2012 年真题】下列能够反映混凝土和易性指标的是（　　）。

A. 保水性　　B. 抗渗性

C. 抗冻性　　D. 充盈性

【解析】 参见教材第 132 页。

72. 【2012 年真题】下列影响混凝土和易性因素中，最为敏感的因素是（　　）。

A. 砂率　　B. 温度

C. 集料　　D. 水泥浆

【解析】 参见教材第 132 页。

73. 【2012 年真题】混凝土外加剂中，引气剂的主要作用在于（　　）。

A. 调节混凝土凝结时间　　B. 提高混凝土早期强度

C. 缩短混凝土终凝时间　　D. 提高混凝土的抗冻性

【解析】 参见教材第 130 页。

74. 【2011 年真题】影响混凝土密实性的实质性因素是（　　）。

A. 振捣方法　　B. 养护温度

C. 水泥用量　　D. 养护湿度

【解析】 参见教材第 132 页。

75. 【2011 年真题】下列改善混凝土性能的措施中，不能提高混凝土耐久性的是(　　)。

A. 掺入适量的加气剂和速凝剂　　B. 在规范允许条件下选用较小的水灰比

C. 适当提高砂率和水泥浆体量　　D. 合理选用水泥品种

【解析】 参见教材第 133 页。

76. 【2011 年真题】可实现混凝土自防水的技术途径是（　　）。

A. 适当降低砂率和灰砂比　　B. 掺入适量的三乙醇胺早强剂

C. 掺入适量的加气剂　　D. 无活性掺和料时水泥限量少于 280kg/m^3

【解析】 参见教材第 137 页。

77. 【2011 年真题】与普通混凝土相比，高强混凝土的优点在于（　　）。

A. 延性较好　　B. 初期收缩小

C. 水泥用量少　　D. 更适宜用于预应力钢筋混凝土构件

【解析】 参见教材第 135 页。

78. **【2010年真题】** 拌制混凝土选用石子，要求连续级配的目的是（　　）。

A. 减少水泥用量　　B. 适应机械振捣

C. 使混凝土拌合物泌水性好　　D. 使混凝土拌合物合易性好

【解析】 参见教材第127页。

79. **【2010年真题】** 碾压混凝土掺用粉煤灰时，宜选用（　　）。

A. 矿渣硅酸盐水泥　　B. 火山灰硅酸盐水泥

C. 普通硅酸盐水泥　　D. 粉煤灰硅酸盐水泥

【解析】 参见教材第138页。

80. **【2010年真题】** 高强混凝土组成材料的要求（　　）。

A. 水泥等级不低于32.5R　　B. 宜用粉煤灰硅酸盐水泥

C. 水泥用量不少于500kg/m^3　　D. 水泥用量不大于550kg/m^3

【解析】 参见教材第136页。

81. **【2010年真题】** 在混凝土中掺入玻璃纤维或尼龙不能显著提高混凝土的（　　）。

A. 抗冲击能力　　B. 耐磨能力

C. 抗压强度　　D. 抗震性能

【解析】 参见教材第138页。

82. **【2010年真题】** 提高混凝土耐久性的重要措施主要包括（　　）。

A. 针对工程环境合理选择水泥品种　　B. 添加加气剂或膨胀剂

C. 提高浇筑和养护的施工质量　　D. 改善骨料的级配

E. 控制好温度和湿度

【解析】 参见教材第133、134页。

83. **【2010年真题】** 混凝土中使用减水剂的主要目的包括（　　）。

A. 有助于水泥石结构形成　　B. 节约水泥用量

C. 提高拌制混凝土的流动性　　D. 提高混凝土的黏聚性

E. 提高混凝土的早期强度

【解析】 参见教材第133页。

84. **【2009年真题】** 水灰比增大而使混凝土强度降低的根本原因是（　　）。

A. 水泥水化反应速度加快　　B. 多余的水分蒸发

C. 水泥水化反应程度提高　　D. 水泥石与骨料的亲和力增大

【解析】 参见教材第132页。

85. **【2009年真题】** 混凝土的整体均匀性，主要取决于混凝土拌和物的（　　）。

A. 抗渗性　　B. 流动性

C. 保水性　　D. 黏聚性

【解析】 参见教材第132页。

86. **【2009年真题】** 为提高混凝土的抗钢筋锈蚀和耐久性，可在混凝土拌和物中加入（　　）。

A. 烷基苯磺酸盐　　B. 石油磺酸盐

C. NNO 减水剂　　D. 松香皂

【解析】 参见教材第 133 页。此考点教材有改动。

87. 【2009 年真题】若混凝土的强度等级大幅度提高，则其抗拉强度与抗压强度的比值（　　）。

A. 变化不大　　B. 明显减小

C. 明显增大　　D. 无明确相关性

【解析】 参见教材第 131 页。

88. 【2009 年真题】轻骨料混凝土与同等级普通混凝土相比，其特点主要表现在(　　)。

A. 表观密度小　　B. 耐久性明显改善　　C. 弹性模量小

D. 导热系数大　　E. 节约能源

【解析】 参见教材第 137 页。

89. 【2009 年真题】碾压混凝土中不掺混合材料时，宜选用（　　）。

A. 硅酸盐水泥　　B. 矿渣硅酸盐水泥

C. 普通硅酸盐水泥　　D. 火山灰质硅酸盐水泥

E. 粉煤灰硅酸盐水泥

【解析】 参见教材第 138 页。

90. 【2008 年真题】混凝土搅拌过程中加入引气剂，可以减少拌和物泌水离析，改善其和易性。效果较好的引气剂是（　　）。

A. 烷基苯磺酸盐　　B. 蛋白质盐

C. 松香热聚物　　D. 石油磺酸盐

【解析】 参见教材第 130 页。

91. 【2008 年真题】经检测，一组混凝土标准试件 28 天的抗压强度为 27~29MPa，则其强度等级应定为（　　）。

A. C25　　B. C27　　C. C28　　D. C30

【解析】 参见教材第 135 页。27×95%＝25.65。

92. 【2008 年真题】影响混凝土强度的主要因素有（　　）。

A. 水灰比　　B. 养护的温度和湿度

C. 龄期　　D. 骨料粒径

E. 水泥强度等级

【解析】 参见教材第 131 页。

93. 【2007 年真题】在道路和机场工程中，混凝土的结构设计和质量控制的主要强度指标和参考强度指标分别是（　　）。

A. 抗拉强度和抗压强度　　B. 抗压强度和抗拉强度

C. 抗压强度和抗折强度　　D. 抗折强度和抗压强度

【解析】 参见教材第 131、132 页。

94. 【2007年真题】实行防水混凝土自防水的技术途径有（　　）。

A. 减小水灰比　　B. 降低砂率

C. 掺用膨胀剂　　D. 掺入糖蜜

E. 掺入引气剂

【解析】 参见教材第137页。

95. 【2006年真题】碾压混凝土的主要特点是（　　）。

A. 水泥用量少　　B. 和易性好

C. 水化热高　　D. 干缩性大

【解析】 参见教材第138页。

96. 【2006年真题】与相同强度等级的普通混凝土相比，轻骨料混凝土的特点是（　　）。

A. 耐久性明显改善　　B. 弹性模量高

C. 表面光滑　　D. 抗冲击性能好

【解析】 参见教材第137页。

97. 【2006年真题】能增加混凝土和易性，同时减少施工难度的混凝土外加剂有（　　）。

A. 膨胀剂　　B. 减水剂　　C. 早强剂

D. 引气剂　　E. 泵送剂

【解析】 此考题教材上没有对应的原话，但是可从知识点分析判断，减水剂可以增加坍落度，引气剂可以改变流变性，泵送剂使混凝土不堵塞、不离析，这些都可以增加混凝土和易性，降低施工难度。

98. 【2006年真题】配制高强混凝土的主要技术途径有（　　）。

A. 采用掺混合材料的硅酸盐水泥　　B. 加入高效减水剂

C. 掺入活性矿物掺和料　　D. 适当加大粗骨料的粒径

E. 延长拌和时间和提高振捣质量

【解析】 参见教材第135页。

99. 【2005年真题】某钢筋混凝土现浇实心板的厚度为150mm，则其混凝土骨料的最大粒径不得超过（　　）mm。

A. 30　　B. 40

C. 45　　D. 50

【解析】 参见教材第127页。150/3=50（mm），故选择小值40mm。

100. 【2005年真题】提高防水混凝土密实度的具体技术措施包括（　　）。

A. 调整混凝土的配合比　　B. 掺入适量减水剂

C. 掺入适量引气剂　　D. 选用膨胀水泥

E. 采用热养护方法进行养护

【解析】 参见教材第137页。

101. 【2004年真题】引气剂和引气减水剂不宜用于（　　）。

A. 预应力混凝土　　B. 抗冻混凝土

C. 轻骨料混凝土　　D. 防渗混凝土

【解析】 参见教材第 131 页。

102. 【2019 年真题】烧结多孔砖的孔洞率不应小于（　　）。

A. 20%　　B. 25%

C. 30%　　D. 40%

【解析】 参见教材第 141 页。

103. 【2018 年真题】MU10 蒸压灰砂砖可用于的建筑部位为（　　）。

A. 基础底面以上　　B. 有酸性介质侵蚀

C. 冷热交替部位　　D. 防潮层以上

【解析】 参见教材第 142 页。

104. 【2017 年真题】关于砌筑砂浆的说法，正确的有（　　）。

A. 水泥混合砂浆强度等级分为 5 级

B. M15 以上强度等级砌筑砂浆宜选用 42.5 级的通用硅酸盐水泥

C. 现场配制砌筑砂浆，水泥、外加剂等材料的配料精度应控制在±2%以内

D. 湿拌砂浆包括湿拌自流平砂浆

E. 石灰膏在水泥石灰混合砂浆中起增加砂浆稠度的作用

【解析】 参见教材第 143、144 页。

105. 【2016 年真题】烧结普通砖的耐久性指标包括（　　）。

A. 抗风化性　　B. 抗侵蚀性　　C. 抗碳化性

D. 泛霜　　E. 石灰爆裂

【解析】 参见教材第 141 页。

106. 【2014 年真题】隔热效果最好的砌块是（　　）。

A. 粉煤灰砌块　　B. 中型空心砌块

C. 混凝土小型空心砌块　　D. 蒸压加气混凝土砌块

【解析】 参见教材第 142 页。

107. 【2013 年真题】非承重墙应优先采用（　　）。

A. 烧结空心砖　　B. 烧结多孔砖

C. 粉煤灰砖　　D. 煤矸石砖

【解析】 参见教材第 141 页。

108. 【2010 年真题】在水泥石灰砂浆中，适当掺入粉煤灰是为了（　　）。

A. 提高和易性　　B. 提高强度和塑性

C. 减少水泥用量　　D. 缩短凝结时间

【解析】 参见教材第 143 页。

109. 【2008 年真题】不可用于六层以下建筑物承重墙体砌筑的墙体材料是（　　）。

A. 烧结黏土多孔砖　　B. 烧结黏土空心砖

C. 烧结页岩多孔砖　　D. 烧结煤矸石多孔砖

【解析】 参见教材第141页。

110. 【2004年真题】在水泥砂浆中掺入石灰膏的主要目的是（ ）。

A. 提高砂浆的强度

B. 提高砂浆的体积安定性

C. 提高砂浆的可塑性

D. 加快砂浆的凝结速度

【解析】 参见教材第143页。

111. 【2004年真题】烧结普通砖应注意的质量指标是（ ）。

A. 抗风化性

B. 脆性

C. 韧性

D. 高水密性

【解析】 参见教材第141页。

二、参考答案

题号	1	2	3	4	5	6	7	8	9
答案	C	A	BCDE	C	ACE	D	CDE	B	B
题号	10	11	12	13	14	15	16	17	18
答案	ABDE	C	D	B	A	A	ACDE	C	CDE
题号	19	20	21	22	23	24	25	26	27
答案	D	C	B	D	BCD	B	A	D	C
题号	28	29	30	31	32	33	34	35	36
答案	ABE	C	B	A	A	CDE	A	CDE	A
题号	37	38	39	40	41	42	43	44	45
答案	D	A	C	D	C	C	A	B	B
题号	46	47	48	49	50	51	52	53	54
答案	A	D	B	B	ADE	B	BDE	D	C
题号	55	56	57	58	59	60	61	62	63
答案	BCE	ABD	C	BCDE	D	B	C	C	C
题号	64	65	66	67	68	69	70	71	72
答案	CDE	BC	AD	A	B	AE	B	A	D
题号	73	74	75	76	77	78	79	80	81
答案	D	C	A	B	D	D	C	D	C
题号	82	83	84	85	86	87	88	89	90
答案	AD	BCE	B	D	C	B	ABC	BDE	C
题号	91	92	93	94	95	96	97	98	99
答案	A	ABCE	D	ACE	A	A	BDE	BC	B
题号	100	101	102	103	104	105	106	107	108
答案	ABCD	A	B	D	BC	ADE	D	A	A
题号	109	110	111						
答案	B	C	A						

三、2023 考点预测

考点一：钢材的适用范围

考点二：常用水泥的特性及适用范围

考点三：外加剂及特种混凝土

考点四：沥青混合料的技术性质

考点五：砌筑材料的技术性质

第二节　建筑装饰材料

考点一：建筑饰面材料

考点二：建筑装饰玻璃

考点三：建筑装饰涂料

考点四：建筑装饰塑料

考点五：建筑装饰钢材

考点六：建筑装饰木材

一、经典真题及解析

1.【2022 年真题】与花岗石板材相比，天然大理石板材的缺点是（　　）。

A. 耐火性差　　B. 抗风化性能差

C. 吸水率低　　D. 高温下会发生晶型转变

【解析】 参见教材第 145 页。

2.【2022 年真题】下列陶瓷地砖中，可以用在室外装饰的材料有（　　）。

A. 瓷砖　　B. 釉面砖

C. 墙地砖　　D. 马赛克

【解析】 参见教材第 146、147 页。

3.【2022 年真题】下列建筑装饰玻璃中，兼具有保温、隔热和隔声性能的是（　　）。

A. 中空玻璃　　B. 夹层玻璃

C. 真空玻璃　　D. 钢化玻璃

E. 镀膜玻璃

【解析】 参见教材第 149~151 页。

4.【2022 年真题】下列常用塑料管材中，可应用于饮用水管的有（　　）。

A. PVC-U　　B. PVC-C　　C. PPR

D. PB　　E. PEX

【解析】 参见教材第155页。

5.【2021年真题】天然花岗石板材作为装饰面材料缺点是耐火性差，其根本原因是（　　）。

A. 吸水率极高　　B. 含有石英

C. 含有云母　　D. 具有块状构造

【解析】 参见教材第144页。

6.【2021年真题】下面饰面砖中，接近且可替代天然饰面石材的为（　　）。

A. 釉面砖　　B. 墙面砖

C. 陶瓷锦砖　　D. 瓷质砖

【解析】 参见教材第147页。

7.【2021年真题】下列饰面砖中，普遍用于室内和室外装饰的有（　　）。

A. 墙地砖　　B. 釉面砖一等品　　C. 釉面砖优等品

D. 陶瓷锦砖　　E. 瓷质砖

【解析】 参见教材第146、147页。

8.【2021年真题】下列涂料中，常用于外墙的涂料有（　　）。

A. 苯乙烯-丙烯酸酯乳液涂料　　B. 聚乙烯醇水玻璃涂料

C. 聚醋酸乙烯乳液涂料　　D. 合成树脂乳液砂壁状涂料

E. 醋酸乙烯-丙烯酸酯有光乳液涂料

【解析】 参见教材第152页。

9.【2020年真题】与天然大理石板材相比，装饰用天然花岗石板材的缺点是（　　）。

A. 吸水率高　　B. 耐酸性差

C. 耐久性差　　D. 耐火性差

【解析】 参见教材第144页。

10.【2020年真题】可较好替代天然石材装饰材料的饰面陶瓷是（　　）。

A. 陶瓷锦砖　　B. 瓷质砖

C. 墙地砖　　D. 釉面砖

【解析】 参见教材第147页。

11.【2020年真题】建筑塑料装饰制品在建筑物中应用广泛，常用的有（　　）。

A. 塑料门窗　　B. 塑料地板

C. 塑料墙板　　D. 塑料壁纸

E. 塑料管材

【解析】 参见教材第154、155页。

12.【2019年真题】作为建筑饰面材料的天然花岗石有很多优点，但其不能被忽视的缺点是（　　）。

A. 耐酸性差　　B. 抗风化差

C. 吸水率低　　D. 耐火性差

【解析】 参见教材第 144 页。

13. 【**2018 年真题**】可用于室外装饰的饰面材料有（　　）。

A. 大理石板材　　B. 合成饰面板

C. 釉面砖　　D. 瓷质砖

E. 石膏饰面板

【解析】 参见教材第 144、145 页。

14. 【**2017 年真题**】花岗石板材是一种优质的饰面板材，但其不足之处是（　　）。

A. 化学及稳定性差　　B. 抗风化性能较差

C. 硬度不及大理石板　　D. 耐火性较差

【解析】 参见教材第 144 页。

15. 【**2017 年真题**】室外装饰较少使用大理石板材的主要原因在于大理石（　　）。

A. 吸水率大　　B. 耐磨性差

C. 光泽度低　　D. 抗风化差

【解析】 参见教材第 145 页。

16. 【**2016 年真题**】釉面砖的优点包括（　　）。

A. 耐潮湿　　B. 耐磨

C. 耐腐蚀　　D. 色彩鲜艳

E. 易于清洁

【解析】 参见教材第 146 页。

17. 【**2012 年真题**】下列材料中，主要用作室内装饰的材料是（　　）。

A. 花岗石　　B. 陶瓷锦砖

C. 瓷质砖　　D. 合成石面板

【解析】 参见教材第 146 页。

18. 【**2010 年真题**】作为天然饰面石材，花岗石与大理石相比（　　）。

A. 色泽可选性多　　B. 抗侵蚀性强

C. 耐火性差　　D. 抗风化性差

【解析】 参见教材第 144、145 页。

19. 【**2008 年真题**】不适用于室外的装饰材料是（　　）。

A. 釉面砖　　B. 墙地砖

C. 玻化砖　　D. 同质砖

【解析】 参见教材第 146 页。

20. 【**2007 年真题**】建筑物外墙装饰所用石材，主要采用的是（　　）。

A. 大理石　　B. 人造大理石

C. 石灰岩　　D. 花岗石

【解析】 参见教材第 145 页。

21. 【**2007 年真题**】具有抗折强度高、耐磨损、耐酸碱、不变色、寿命长等优点的外墙饰面材料是（　　）。

A. 大理石　　B. 陶瓷锦砖

C. 同质砖　　D. 釉面砖

【解析】 参见教材第 147 页。

22. 【2006 年真题】天然大理石板材用于装饰时需引起重视的问题是（　　）。

A. 硬度大难以加工　　B. 抗风化性能差

C. 吸水率大且防潮性能差　　D. 耐磨性能差

【解析】 参见教材第 145 页。

23. 【2005 年真题】天然饰面石材中，大理石板材的特点是（　　）。

A. 吸水率大、耐磨性好　　B. 耐久性好、抗风化性能好

C. 吸水率小、耐久性差　　D. 耐磨性好、抗风化性能差

【解析】 参见教材第 145 页。

24. 【2004 年真题】建筑工程使用的花岗石比大理石（　　）。

A. 易加工　　B. 耐火

C. 更适合室内墙面装饰　　D. 耐磨

【解析】 参见教材第 144、145 页。

25. 【2018 年真题】对隔热、隔声性能要求较高的建筑物宜选用（　　）。

A. 真空玻璃　　B. 中空玻璃

C. 镀膜玻璃　　D. 钢化玻璃

【解析】 参见教材第 151 页。

26. 【2017 年真题】钢化玻璃是用物理或化学方法，在玻璃表面上形成一个（　　）。

A. 压应力层　　B. 拉应力层

C. 防脆裂层　　D. 刚性氧化层

【解析】 参见教材第 149 页。

27. 【2008 年真题】公共建筑防火门应选用（　　）。

A. 钢化玻璃　　B. 夹丝玻璃

C. 夹层玻璃　　D. 镜面玻璃

【解析】 参见教材第 149 页。

28. 【2013 年真题】建筑装饰涂料的辅助成膜物质常用的溶剂为（　　）。

A. 松香　　B. 桐油

C. 砂质酸纤维　　D. 苯

【解析】 参见教材第 152 页。

29. 【2012 年真题】关于对建筑涂料基本要求的说法，正确的是（　　）。

A. 外墙、地面、内墙涂料均要求耐水性好

B. 外墙涂料要求色彩细腻、耐碱性好

C. 内墙涂料要求抗冲击性好

D. 地面涂料要求耐候性好

【解析】 参见教材第 152、153 页。

30. 【2011 年真题】下列建筑装饰涂料中，常用于外墙的涂料是（　　）。

A. 醋酸乙烯-丙烯酸酯有光乳液涂料

B. 聚醋酸乙烯乳液涂料

C. 聚乙烯醇水玻璃涂料

D. 苯乙烯-丙烯酸酯乳液涂料

【解析】 参见教材第 152 页。

31. 【2010 年真题】建筑装饰用地面涂料宜选用（　　）。

A. 醋酸乙烯-丙烯酸酯乳液涂料　　B. 聚醋酸乙烯乳液涂料

C. 聚氨酯涂料　　D. 聚乙烯醇水玻璃涂料

【解析】 参见教材第 153 页。

32. 【2009 年真题】内墙涂料宜选用（　　）。

A. 聚醋酸乙烯乳液涂料　　B. 苯乙烯-丙烯酸酯乳液涂料

C. 合成树脂乳液砂壁状涂料　　D. 聚氨酯系涂料

【解析】 参见教材第 152 页。

33. 【2005 年真题】涂料组成成分中，次要成膜物质的作用是（　　）。

A. 降低黏度便于施工

B. 溶解成膜物质，影响成膜过程

C. 赋予涂料美观的色彩，并提高涂膜的耐磨性

D. 将其他成分黏成整体，并形成坚韧的保护膜

【解析】 参见教材第 151 页。

34. 【2004 年真题】与内墙及地面涂料相比，对外墙涂料更注重（　　）。

A. 耐候性　　B. 耐碱性

C. 透气性　　D. 耐粉化性

【解析】 参见教材第 152 页。

35. 【2017 年真题】关于塑料管材的说法，正确的有（　　）。

A. 无规共聚聚丙烯管（PP-R 管）属于可燃性材料

B. 氯化聚氯乙烯管（PVC-C 管）热膨胀系数较高

C. 硬聚氯乙烯管（PVC-U 管）使用温度不大于 50℃

D. 丁烯管（PB 管）热膨胀系数低

E. 交联聚乙烯管（PEX 管）不可热熔连接

【解析】 参见教材第 155 页。

36. 【2015 年真题】塑料的主要组成材料是（　　）。

A. 玻璃纤维　　B. 乙二胺

C. DBP 和 DOP　　D. 合成树脂

【解析】 参见教材第 153 页。

37. 【2019 年真题】型号为 YX75-230-600 的彩色涂层压型钢板的有效覆盖宽度是（ ）。

A. 750mm　　B. 230mm

C. 600mm　　D. 1000mm

【解析】 参见教材第 156 页。

38. 【2018 年真题】使木材物理力学性质变化发生转折的指标为（ ）。

A. 平衡含水率　　B. 顺纹强度

C. 纤维饱和点　　D. 横纹强度

【解析】 参见教材第 158 页。

二、参考答案

题号	1	2	3	4	5	6	7	8	9
答案	B	C	AC	CDE	B	D	AE	AD	D
题号	10	11	12	13	14	15	16	17	18
答案	B	ABDE	D	BD	D	D	BCDE	B	C
题号	19	20	21	22	23	24	25	26	27
答案	A	D	C	B	D	D	B	A	B
题号	28	29	30	31	32	33	34	35	36
答案	D	A	D	C	A	C	A	AE	D
题号	37	38							
答案	C	C							

三、2023 考点预测

考点一：饰面材料的适用范围

考点二：玻璃的适用范围

考点三：建筑装饰涂料的基本组成

考点四：塑料管材及配件

第三节　建筑功能材料

考点一：防水材料

考点二：保温隔热材料

考点三：吸声隔声材料

考点四：防火材料

一、经典真题及解析

1. 【2022 年真题】以下卷材类型中，尤其适用于强烈太阳辐射建筑防水的是（　　）。

A. SBS 改性沥青防水卷材　　B. APP 改性沥青防水卷材

C. 氯化聚乙烯防水卷材　　D. 氯化聚乙烯-橡胶共混防水卷材

【解析】 参见教材第 160 页。

2. 【2021 年真题】混凝土和金属框架的接缝黏结，优先选用的接缝材料为（　　）。

A. 硅酮建筑密封胶　　B. 聚氨酯密封胶

C. 聚氯乙烯接缝膏　　D. 沥青嵌缝油膏

【解析】 参见教材第 163 页。

3. 【2020 年真题】保温隔热材料中使用温度最高的是（　　）。

A. 玻璃棉　　B. 泡沫塑料

C. 陶瓷纤维　　D. 泡沫玻璃

【解析】 参见教材第 164 页。

4. 【2020 年真题】在众多防水卷材中，相比之下尤其适用于寒冷地区建筑物防水的有（　　）。

A. SBS 防水卷材　　B. APP 防水卷材

C. PVC 防水卷材　　D. 氯化乙烯防水卷材

E. 氯化聚乙烯-橡胶共混

【解析】 参见教材第 160、161 页。

5. 【2019 年真题】下列防水卷材中，更适于寒冷地区建筑工程防水的有（　　）。

A. SBS 改性沥青防水卷材　　B. APP 改性沥青防水卷材

C. 沥青复合胎柔性防水卷材　　D. 氯化聚乙烯防水卷材

E. 氯化聚乙烯-橡胶共混型防水卷材

【解析】 参见教材第 160、161 页。

6. 【2017 年真题】丙烯酸类密封膏具有良好的黏结性能，但不宜用于（　　）。

A. 门窗嵌缝　　B. 桥面接缝

C. 墙板接缝　　D. 屋面嵌缝

【解析】 参见教材第 162 页。

7. 【2016 年真题】采矿业防水防渗工程常用（　　）。

A. PVC 防水卷材　　B. 氯化聚乙烯防水卷材

C. 三元乙丙橡胶防水卷材　　D. APP 改性沥青防水卷材

【解析】 参见教材第 161 页。

8. 【2015 年真题】防水要求高和耐用年限长的土木建筑工程，防水材料应优先选用（　　）。

A. 三元乙丙橡胶防水卷材　　B. 聚氯乙烯防水卷材
C. 氯化聚乙烯防水卷材　　D. 沥青复合胎柔性水防水卷材

【解析】 参见教材第 160 页。

9. 【2014 年真题】弹性和耐久性较高的防水涂料是（　　）。
A. 氯丁橡胶改性沥青防水涂料　　B. 聚氨酯防水涂料
C. SBS 橡胶改性沥青防水涂料　　D. 聚氯乙烯改性沥青防水涂料

【解析】 参见教材第 161 页。

10. 【2012 年真题】APP 改性沥青防水卷材，其突出的优点是（　　）。
A. 用于寒冷地区铺贴　　B. 适宜于结构变形频繁部位防水
C. 适宜于强烈太阳辐射部位防水　　D. 可用热熔法施工

【解析】 参见教材第 160 页。

11. 【2012 年真题】游泳池工程优先选用的不定型密封材料是（　　）。
A. 聚氯乙烯接缝膏　　B. 聚氨酯密封膏
C. 丙烯酸类密封膏　　D. 沥青嵌缝油膏

【解析】 参见教材第 163 页。

12. 【2011 年真题】常用于寒冷地区和结构变形较为频繁部位，且适宜热溶法施工的聚合物改性沥青防水卷材是（　　）。
A. SBS 改性沥青防水卷材　　B. APP 改性沥青防水卷材
C. 沥青复合胎柔性防水卷材　　D. 聚氯乙烯防水卷材

【解析】 参见教材第 160 页。

13. 【2011 年真题】不宜用于水池、堤坝等水下接缝的不定型密封材料是（　　）。
A. E 类硅酮密封膏　　B. 丙烯酸类密封膏
C. 聚氨酯密封膏　　D. 橡胶密封条

【解析】 参见教材第 162 页。

14. 【2010 年真题】高温车间防潮卷材宜选用（　　）。
A. 氯化聚乙烯-橡胶共混型防水卷材　　B. 沥青复合胎柔性防水卷材
C. 三元乙丙橡胶防水卷材　　D. APP 改性沥青防水卷材

【解析】 参见教材第 160 页。

15. 【2009 年真题】对防水要求高且耐用年限长的建筑防水工程，宜优先选用（　　）。
A. 氯化聚乙烯防水卷材　　B. 聚氯乙烯防水卷材
C. APP 改性沥青防水卷材　　D. 三元乙丙橡胶防水卷材

【解析】 参见教材第 160 页。

16. 【2009 年真题】民用建筑的门、窗嵌缝，宜选用（　　）。
A. 沥青嵌缝油膏　　B. 丙烯酸类密封膏
C. 塑料油膏　　D. F 类硅酮密封膏

【解析】 参见教材第 162 页。

17. **【2008 年真题】**适用于高温或有强烈太阳辐射地区，属于塑性体防水材料的是（　　）。

A. SBS 改性沥青防水卷材　　B. APP 改性沥青防水卷材

C. 三元乙丙橡胶防水卷材　　D. 氯化聚乙烯防水卷材

【解析】 参见教材第 160 页。

18. **【2007 年真题】**属于塑性体沥青防水卷材的是（　　）。

A. APP 改性沥青防水卷材　　B. SBS 改性沥青防水卷材

C. 沥青复合胎柔性防水卷材　　D. 三元乙丙橡胶防水卷材

【解析】 参见教材第 160 页。

19. **【2006 年真题】**在高温环境下，建筑物防水卷材宜选用（　　）。

A. APP 改性沥青防水卷材　　B. SBS 改性沥青防水卷材

C. 氯化聚乙烯-橡胶共混型防水卷材　　D. 沥青复合胎柔性防水卷材

【解析】 参见教材第 160 页。

20. **【2005 年真题】**与聚合物改性沥青防水卷材相比，氯化聚乙烯-橡胶共混型防水卷材的优点是（　　）。

A. 高温不流淌、低温不脆裂　　B. 拉伸强度高、延伸率大

C. 具有优异的耐臭氧、耐老化性能　　D. 价格便宜、可单层铺贴

【解析】 参见教材第 161 页。

21. **【2005 年真题】**不定型密封材料中的丙烯酸类密封膏可用于（　　）。

A. 屋面嵌缝　　B. 广场接缝

C. 桥面接缝　　D. 水池接缝

【解析】 参见教材第 162 页。

22. **【2004 年真题】**防水涂料具有的显著特点是（　　）。

A. 抵抗变形能力强　　B. 有利于基层形状不规则部位的施工

C. 施工时不需加热　　D. 使用年限长

【解析】 参见教材第 161 页。

23. **【2004 年真题】**选用建筑密封材料时应首先考虑其（　　）。

A. 使用部位和黏结性能　　B. 耐高低温性能

C. “拉伸-压缩”循环性能　　D. 耐老化性

【解析】 参见教材第 162 页。

24. **【2019 年真题】**下列纤维状绝热材料中，最高使用温度限值最低的是（　　）。

A. 岩棉　　B. 石棉

C. 玻璃棉　　D. 陶瓷纤维

【解析】 参见教材第 164 页。

25. **【2019 年真题】**关于保温隔热材料，下列说法正确的有（　　）。

A. 装饰材料燃烧性能 B2 级属于难燃性

B. 高效保温材料的导热系数不大于0.14W/(m·K)

C. 保温材料主要是防止室外热量进入室内

D. 装饰材料按其燃烧性能划分为A、B1、B2、B3四个等级

E. 采用B2级保温材料的外墙保温系统中每层应设置水平防火隔离带

【解析】 参见教材第163页。

26. 【2018年真题】常用于高温环境中的保温隔热材料（　　）。

A. 泡沫塑料制品

B. 玻璃棉制品

C. 陶瓷纤维制品

D. 膨胀珍珠岩制品

E. 膨胀蛭石制品

【解析】 参见教材第164~166页。此题考点不是书上原话，只能通过使用温度判断。

27. 【2017年真题】膨胀蛭石是一种较好的绝热、隔声材料，但使用时应注意(　　)。

A. 防潮

B. 防火

C. 不能松散铺设

D. 不能与胶凝材料配合使用

【解析】 参见教材第164页。

28. 【2017年真题】关于保温隔热材料的说法，正确的有（　　）。

A. 矿物棉的最高使用温度约600℃

B. 石棉最高使用温度可达600~700℃

C. 玻璃棉最高使用温度300~500℃

D. 陶瓷纤维最高使用温度1100~1350℃

E. 矿物棉的缺点是吸水性大，弹性小

【解析】 参见教材第164页。

29. 【2016年真题】民用建筑很少使用的保温隔热材料是（　　）。

A. 岩棉

B. 矿渣棉

C. 石棉

D. 玻璃棉

【解析】 参见教材第164页。

30. 【2018年真题】对中、高频均有吸声效果且安拆便捷，兼具装饰效果的吸声结构应为（　　）。

A. 帘幕吸声结构

B. 柔性吸声结构

C. 薄板振动吸声结构

D. 悬挂空间吸声结构

【解析】 参见教材第166页。

31. 【2017年真题】薄型和超薄型防火涂料的耐火极限一般与涂层厚度无关，与之有关的是（　　）。

A. 物体可燃性

B. 物体耐火极限

C. 膨胀后的发泡层厚度

D. 基材的厚度

【解析】 参见教材第167页。

二、参考答案

题号	1	2	3	4	5	6	7	8	9
答案	B	A	C	AE	AE	B	B	A	B
题号	10	11	12	13	14	15	16	17	18
答案	C	B	A	B	D	D	B	B	A
题号	19	20	21	22	23	24	25	26	27
答案	A	C	A	B	A	C	DE	CE	A
题号	28	29	30	31					
答案	ADE	C	A	C					

三、2023 考点预测

考点一：防水材料的适用范围

考点二：保温隔热材料的适用范围

第四章　工程施工技术

第一节　建筑工程施工技术

考点一：土石方工程施工技术
考点二：地基与基础工程施工技术
考点三：主体结构工程施工技术
考点四：防水工程施工技术
考点五：节能工程施工技术
考点六：装饰装修工程施工技术

一、经典真题及解析

1. 【2022 年真题】开挖深度为 3m，湿度小的黏性土沟槽，适合采用的支护方式是（　　）。

A. 重力式支护结构　　B. 垂直挡土板支撑

C. 板式支护结构　　D. 水平挡土板支撑

【解析】 参见教材第 170 页。

2. 【2022 年真题】关于土石方机械化施工，下列说法正确的是（　　）。

A. 铲运机的经济运距为 30~60m

B. 推土机分批集中一次推送能减少土的散失

C. 铲运机常用在坡度大于 20°的大面积场地平整

D. 抓铲挖掘机特别适用于水下挖土

【解析】 参见教材第 176、178 页。

3. 【2022 年真题】为保证填土工程质量，下列土壤可做填方材料的是（　　）。

A. 膨胀性土　　B. 有机物大于 5%的土

C. 砂土、爆破石渣　　D. 含水量大的黏土

【解析】 参见教材第 179 页。

4. 【2022 年真题】地基加固处理中，排水固结法的关键问题是（　　）。

A. 预压荷载　　B. 预压时间

C. 防振、隔振措施　　D. 竖向排水体的设置

【解析】 参见教材第 182 页。

5. **【2022 年真题】** 钢筋混凝土预制桩的起吊和运输中，要求混凝土强度至少分别达到设计强度的（　　）。

A. 65%，85%　　　　B. 70%，100%

C. 75%，95%　　　　D. 70%，80%

【解析】 参见教材第 185 页。

6. **【2022 年真题】** 正常施工条件，石砌体每日砌筑高度宜为（　　）。

A. 1.2m　　　　B. 1.5m

C. 1.8m　　　　D. 2.3m

【解析】 参见教材第 195 页。

7. **【2022 年真题】** 关于扣件式钢管脚手架的搭设与拆除，下列说法正确的是（　　）。

A. 垫板应准确放置在定位线上，宽度不大于 200mm

B. 高度 24m 的双排脚手架必须采用刚性连墙件

C. 同层杆件须按先内后外的顺序拆除

D. 连墙件必须随脚手架逐层拆除

【解析】 参见教材第 198 页。

8. **【2022 年真题】** 适用于竖向较大直径变形钢管连接方式的是（　　）。

A. 钢筋螺纹套管连接　　　　B. 钢筋套筒挤压连接

C. 电渣压力焊连接　　　　D. 绑扎搭接连接

【解析】 参见教材第 202 页。

9. **【2022 年真题】** 预应力混凝土工程中，后张法预应力传递主要依靠（　　）。

A. 预应力筋　　　　B. 预应力筋两端锚具

C. 孔道灌浆　　　　D. 锚固夹具

【解析】 参见教材第 219 页。

10. **【2022 年真题】** 关于轻型井点的布置，下列说法正确的有（　　）。

A. 环形布置适用于大面积基坑

B. 双排布置适用于土质不良的情况

C. U 形布置适用于宽度不大于 6m 的情况

D. 单排布置适用于基坑宽度小于 6m，且降水深度不超过 5m 的情况

E. U 形布置井点管不封闭的一端应在地下水的下游方向

【解析】 参见教材第 173 页。

11. **【2022 年真题】** 单层工业厂房的结构吊装中，与分件吊装法相比，综合吊装法的优点有（　　）。

A. 停机点少　　　　B. 开行路线短

C. 工作效率高　　　　D. 构件供应与现场平面布置简单

E. 起重机变幅和索具更换次数少

【解析】 参见教材第 230 页。

12. **【2021年真题】** 在开挖深度为4m，最小边长30m的基坑时，对周边土地进行支护，有效的方法为（ ）。

A. 横撑式土壁支撑　　B. 水泥土搅拌桩支护

C. 板式支护　　D. 板桩墙支护

【解析】 参见教材第170~172页。

13. **【2021年真题】** 大型建筑群场地平整，场地坡度最大15°，距离300~500m，土壤含水量低，可选用的机械有（ ）。

A. 推土机　　B. 装载机

C. 铲运机　　D. 正铲挖掘机

【解析】 参见教材第176页。

14. **【2021年真题】** 在一般灰土桩挤密地基中，灰土桩所占面积小但可以承担总荷载的50%，其主要原因为（ ）。

A. 灰土桩有规律的均匀分布

B. 桩间土的含水率比灰土桩含水率高

C. 灰土桩变形模量远大于桩间土变形模量

D. 灰土桩变形模量远小于桩间土变形模量

【解析】 参见教材第183页。

15. **【2021年真题】** 在浇筑与混凝土柱和墙相连的梁和板混凝土时，正确的施工顺序应为（ ）。

A. 与柱同时进行　　B. 与墙同时进行

C. 与柱和墙协调同时进行　　D. 在浇筑柱和墙完毕后1~1.5h后进行

【解析】 参见教材第209页。

16. **【2021年真题】** 下列预应力混凝土结构中，通常使用先张法施工的构件是（ ）。

A. 桥跨结构　　B. 现场生产的大型构件

C. 特形结构　　D. 大型构筑物构件

【解析】 参见教材第218页。

17. **【2021年真题】** 关于自行杆式起重机的特点，以下说法正确的为（ ）。

A. 履带式起重机的稳定性高

B. 轮胎起重机不适合在松软地面上工作

C. 汽车起重机可以负荷行驶

D. 履带式起重机的机身回转幅度小

【解析】 参见教材第225页。

18. **【2021年真题】** 与内贴法相比，地下防水施工外贴法的优点是（ ）。

A. 施工速度快

B. 占地面积小

C. 墙与底板结合处不容易受损

D. 外墙和基础沉降时，防水层不容易受损

【解析】 参见教材第 237 页。

19. **【2021 年真题】** 关于屋面保温工程中保温层的施工要求，下列说法正确的为（　　）。

A. 倒置式屋面高女儿墙和山墙内侧的保温层应铺到压顶下

B. 种植屋面的绝热层应采用黏结法和机械固定法施工

C. 种植屋面宜设计为倒置式

D. 坡度不大于 3%的倒置式上人屋面，保温层板材施工可采用干铺法

【解析】 参见教材第 242 页。

20. **【2021 年真题】** 浮雕涂饰工程中，水性涂料面层应选用的施工方法为（　　）。

A. 喷涂法　　B. 刷漆法

C. 滚涂法　　D. 粘贴法

【解析】 参见教材第 246 页。

21. **【2021 年真题】** 关于钢结构高强螺栓连接，下列说法正确的有（　　）。

A. 高强螺栓可兼做安装螺栓

B. 摩擦连接是目前最广泛采用的基本连接方式

C. 同一接头中连接副的初拧、复拧、终拧应在 12h 内完成

D. 高强度螺栓群连接副施拧时，应从中央向四周顺序进行

E. 设计文件无规定的高强螺栓和焊接并用的连接节点宜先焊接再紧固

【解析】 参见教材第 223 页。

22. **【2021 年真题】** 关于涂膜防水屋面施工方法，下列说法正确的有（　　）。

A. 高低跨屋面，一般先涂高跨屋面，后涂低跨屋面

B. 相同高度的屋面，按照距离上料点“先近后远”的原则进行涂布

C. 同一屋面，先涂布排水集中的节点部位，再进行大面积涂布

D. 采用双层胎体增强材料时，上下两层垂直铺设

E. 涂膜应根据防水涂料的品种分层分遍涂布，且前后两边涂布方向平行

【解析】 参见教材第 234 页。

23. **【2020 年真题】** 基坑开挖中电渗井点可用于（　　）。

A. 黏土层　　B. 砾石层

C. 砂石层　　D. 沙砾层

【解析】 参见教材第 175 页。

24. **【2020 年真题】** 与正铲挖掘机相比，反铲挖掘机的显著优点是（　　）。

A. 对开挖土层级别的适应性宽

B. 对基坑大小的适应性宽

C. 对开挖土层的地下水位适应性宽

D. 装车方便

【解析】 参见教材第 178 页。

25. **【2020年真题】** 钢筋混凝土预制桩在砂夹卵石层和坚硬土层中沉桩，主要沉桩方式为（　　）。

A. 静力压桩　　B. 锤击沉桩

C. 振动沉桩　　D. 射水沉桩

【解析】 参见教材第187页。

26. **【2020年真题】** 超高层建筑为提高混凝土浇筑效率，施工现场混凝土的运输应优先考虑（　　）。

A. 自升式塔式起重机运输　　B. 泵送

C. 轨道式塔式起重机运输　　D. 内爬式塔式起重机运输

【解析】 参见教材第208、209页。

27. **【2020年真题】** 石材幕墙的石材与骨架连接有多种方式，其中使石材面板受力较好的连接方式是（　　）。

A. 钢销式连接　　B. 短槽式连接

C. 通槽式连接　　D. 背栓式连接

【解析】 参见教材第253页。

28. **【2019年真题】** 在松散且湿度很大的土中挖6m深的沟槽，支护应优先选用（　　）。

A. 水平挡土板式支撑　　B. 垂直挡土板式支撑

C. 重力式支护结构　　D. 板式支护结构

【解析】 参见教材第170页。

29. **【2019年真题】** 在淤泥质土中开挖10m深的基坑时，降水方法应优先选用（　　）。

A. 单级轻型井点　　B. 管井井点

C. 电渗井点　　D. 深井井点

【解析】 参见教材第175页。

30. **【2019年真题】** 水下开挖独立基坑，工程机械宜优先选用（　　）。

A. 正铲挖掘机　　B. 反铲挖掘机

C. 拉铲挖掘机　　D. 抓铲挖掘机

【解析】 参见教材第178页。

31. **【2018年真题】** 基坑开挖时，造价相对偏高的边坡支护方式应为（　　）。

A. 水平挡土板　　B. 垂直挡土墙

C. 地下连续墙　　D. 水泥土搅拌桩

【解析】 此题只能通过四个选项判断造价高低，教材中并没有原话证明。

32. **【2018年真题】** 基坑开挖时，采用明排法施工，其集水坑应设置在（　　）。

A. 基础范围以外的地下水走向的下游

B. 基础范围以外的地下水走向的上游

C. 便于布置抽水设施的基坑边角处

D. 不影响施工交通的基坑边角处

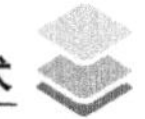

【解析】 参见教材第 172 页。

33. 【2018 年真题】在挖深 3m、1~3 类土砂性土壤基坑，且地下水位较高时，宜优先选用（ ）。

A. 正铲挖掘机　　B. 反铲挖掘机

C. 拉铲挖掘机　　D. 抓铲挖掘机

【解析】 参见教材第 178 页。

34. 【2018 年真题】利用爆破石渣和碎石填筑大型地基，应优先选用的压实机械为（ ）。

A. 羊足碾　　B. 平碾

C. 振动碾　　D. 蛙式打夯机

【解析】 参见教材第 179 页。

35. 【2017 年真题】基坑采用轻型井点降水，其井点布置应考虑的主要因素是（ ）。

A. 水泵房的位置　　B. 土方机械型号

C. 地下水位流向　　D. 基坑边坡支护形式

【解析】 参见教材第 173 页。

36. 【2017 年真题】电渗井点降水的井点管应（ ）。

A. 布置在地下水流上游侧　　B. 布置在地下水流下游侧

C. 沿基坑中线布置　　D. 沿基坑外围布置

【解析】 参见教材第 175 页。

37. 【2017 年真题】土石方在填筑施工时应（ ）。

A. 先将不同类别的土搅拌均匀　　B. 采用同类土填筑

C. 分层填筑时需搅拌　　D. 将含水量大的黏土填筑在底层

【解析】 参见教材第 178 页。

38. 【2017 年真题】土石方工程机械化施工说法正确的有（ ）。

A. 土方运距在 30~60m，最好采用推土机施工

B. 面积较大的场地平整，推土机台数不宜小于四台

C. 土方运距在 200~350m 时适宜采用铲运机施工

D. 开挖大型基坑时适宜采用拉铲挖掘机

E. 抓铲挖掘机和拉铲挖掘机均不宜用于水下挖土

【解析】 参见教材第 176、178 页。

39. 【2016 年真题】对大面积二类土场地进行平整的主要施工机械应优先考虑（ ）。

A. 拉铲挖掘机　　B. 铲运机

C. 正铲挖掘机　　D. 反铲挖掘机

【解析】 参见教材第 176 页。

40. 【2016 年真题】关于基坑土石方工程采用轻型井点降水，说法正确的是（ ）。

A. U 形布置不封闭段是为施工机械进出基坑留的开口

B. 双排井点管适用于宽度小于 6m 的基坑

C. 单排井点管应布置在基坑的地下水下游一侧

D. 施工机械不能经 U 形布置的开口端进出基坑

【解析】 参见教材第 173 页。

41. 【2016 年真题】关于推土机施工作业，说法正确的是（　　）。

A. 土质较软使切土深度较大时可采用分批集中后一次推送

B. 并列推土的推土机数量不宜超过 4 台

C. 沟槽推土法是先用小型推土机推出两侧沟槽后再用大型推土机推土

D. 斜角推土法是指推土机行走路线沿斜向交叉推进

【解析】 参见教材第 176 页。

42. 【2016 年真题】关于单斗挖掘机作业特点，说法正确的是（　　）。

A. 正铲挖掘机：前进向下，自重切土　　B. 反铲挖掘机：后退向上，强制切土

C. 拉铲挖掘机：后退向下，自重切土　　D. 抓铲挖掘机：前进向上，强制切土

【解析】 参见教材第 177、178 页。

43. 【2015 年真题】在松散土层中开挖 6m 深的沟槽，支护方式应优先采用（　　）。

A. 间断式水平挡土板横撑式支撑　　B. 连续式水平挡土板式支撑

C. 垂直挡土板式支撑　　D. 重力式支护结构支撑

【解析】 参见教材第 170、171 页。对松散和湿度很高的土可用垂直挡土板式支撑，其挖土深度不限。

44. 【2015 年真题】土方开挖的降水深度约 16m，土体渗透系数 50m/d，可采用的降水方式有（　　）。

A. 轻型井点降水　　B. 喷射井点降水

C. 管井井点降水　　D. 深井井点降水

E. 电渗井点降水

【解析】 参见教材第 173 页表 4.1.1。

45. 【2014 年真题】用推土机回填管沟，当无倒车余地时一般采用（　　）。

A. 沟槽推土法　　B. 斜角推土法

C. 下坡推土法　　D. 分批集中，一次推土法

【解析】 参见教材第 176 页。

46. 【2014 年真题】北方寒冷地区采用轻型井点降水时，井点管与集水总管连接应用（　　）。

A. PVC-U 管　　B. PVC-C 管

C. PP-R 管　　D. 橡胶软管

【解析】 参见教材第 174 页。

47. 【2014 年真题】单斗抓铲挖掘机的作业特点是（　　）。

A. 前进向下，自重切土　　B. 后退向下，自重切土

C. 后退向下，强制切土　　D. 直上直下，自重切土

【解析】 参见教材第 178 页。

48. 【2013 年真题】通常情况下，基坑土方开挖的明排水法主要适用于（　　）。

A. 细砂土层　　B. 粉砂土层

C. 粗粒土层　　D. 淤泥土层

【解析】 参见教材第 172 页。

49. 【2013 年真题】在渗透系数大，地下水量大的土层中，适宜采用的降水形式为（　　）。

A. 轻型井点　　B. 电渗井点

C. 喷射井点　　D. 管井井点

【解析】 参见教材第 176 页。

50. 【2013 年真题】为了提高铲运机铲土效率，适宜采用的铲运方法为（　　）。

A. 上坡铲土　　B. 并列铲土

C. 斜向铲土　　D. 间隔铲土

【解析】 参见教材第 177 页。

51. 【2013 年真题】关于土石方填筑正确的意见是（　　）。

A. 不宜采用同类土填筑

B. 从上至下填筑土层的透水性应从小到大

C. 含水量大的黏土宜填筑在下层

D. 硫酸盐含量小于 5%的土不能使用

【解析】 参见教材第 178、179 页。

52. 【2013 年真题】关于轻型井点降水施工的说法，正确的有（　　）。

A. 轻型井点一般可采用单排或双排布置

B. 当有土方机械频繁进出基坑时，井点宜采用环形布置

C. 由于轻型井点需埋入地下蓄水层，一般不宜双排布置

D. 槽宽>6m，且降水深度超过 5m 时不适宜采用单排井点

E. 为了更好地集中排水，井点管应布置在地下水下游一侧

【解析】 参见教材第 173、174 页。

53. 【2012 年真题】某大型基坑，施工场地标高为±0. 000m，基坑底面标高为-6. 600m，地下水位标高为-2. 500m，土的渗透系数为 60m/d，则应选用的降水方式是（　　）。

A. 一级轻型井点　　B. 喷射井点

C. 管井井点　　D. 深井井点

【解析】 参见教材第 173 页。

54. 【2012 年真题】采用推土机并列推土时，并列台数不宜超过（　　）。

A. 2 台　　B. 3 台

C. 4 台　　D. 5 台

【解析】 参见教材第 176 页。

55. **【2011 年真题】**单斗拉铲挖土机的挖土特点是（　　）。

A. 前进向上，强制切土　　B. 后退向下，强制切土

C. 后退向下，自重切土　　D. 直上直下，自重切土

【解析】 参见教材第 178 页。

56. **【2010 年真题】**在松散潮湿的砂土中挖 4m 深的基槽，其支护方式不宜采用（　　）。

A. 悬臂式板式支护　　B. 垂直挡土板式支撑

C. 间断式水平挡土板支撑　　D. 连续式水平挡土板支撑

【解析】 参见教材第 170 页。

57. **【2010 年真题】**轻型井点降水安装过程中，冲成井孔，拔出冲管，插入井点管后，灌填砂滤料，主要目的是（　　）。

A. 保证滤水　　B. 防止坍孔

C. 保护井点管　　D. 固定井点管

【解析】 参见教材第 174 页。

58. **【2009 年真题】**场地填筑的填料为爆破石渣、碎石类土、杂填土时，宜采用的压实机械为（　　）。

A. 平碾　　B. 羊足碾

C. 振动碾　　D. 气胎碾

【解析】 参见教材第 179 页。

59. **【2008 年真题】**某工程基坑底标高 -12.00m，地下水位 -2.00m，基坑底面积 $2000m^2$，需采用井点降水。较经济合理的方法是（　　）。

A. 轻型井点降水　　B. 喷射井点降水

C. 管井井点降水　　D. 深井井点降水

【解析】 参见教材第 175 页。

60. **【2008 年真题】**浅基坑的开挖深度一般（　　）。

A. 小于 3m　　B. 小于 4m

C. 不大于 5m　　D. 不大于 6m

【解析】 参见教材第 169 页。

61. **【2008 年真题】**根据基坑平面大小、深度、土质、地下水位高低与流向以及降水深度要求，轻型井点的平面布置可采用（　　）。

A. 单排布置　　B. 十字交叉布置

C. 双排布置　　D. 环形布置

E. U 形布置

【解析】 参见教材第 173 页。

62. **【2007 年真题】**对地势开阔平坦、土质较坚硬的场地进行平整，可采用推土机助铲配合铲运机工作，一般每台推土机可配合的铲运机台数为（　　）。

A. 1~2 台　　B. 2~3 台

C. 3~4 台　　D. 5~6 台

【解析】 参见教材第 177 页。

63. **【2007 年真题】**某基坑开挖需降低地下水位 18m，为保证施工正常进行，可采用的井点降水方式有（　　）。

A. 轻型井点　　B. 喷射井点

C. 深井井点　　D. 电渗井点

E. 管井井点

【解析】 参见教材第 173 页表 4.1.1。E 选项建议不选，一井一泵价格太贵。

64. **【2006 年真题】**下列土石方填筑材料中，边坡稳定性最差的是（　　）。

A. 碎石土　　B. 粗砂

C. 黏土　　D. 中砂

【解析】 参见教材第 179 页。

65. **【2006 年真题】**某建筑物基坑开挖深度 6m，且地下水位高，土质松散，支护结构应选用（　　）。

A. 间断式水平挡土板　　B. 连续式水平挡土板

C. 深层搅拌桩　　D. 垂直挡土板

【解析】 参见教材第 170、171 页。

66. **【2006 年真题】**某建筑物需开挖宽 20m、长 100m、深 10m 的基坑，地下水位低于自然地面 0.5m，为便于施工需实施降水措施，降水方法和布置形式应采用（　　）。

A. 单层轻型井点双排布置　　B. 单层轻型井点环形布置

C. 喷射井点双排布置　　D. 喷射井点环形布置

E. 深井井点单排布置

【解析】 参见教材第 173 页表 4.1.1。

67. **【2005 年真题】**为了保证填土压实的效果，施工时应该采取的措施包括（　　）。

A. 由下至上分层铺填、分层压实

B. 在填方时按设计要求预留沉降量

C. 将透水性较大的土放在下层，透水性较小的土放在上层

D. 将不同种类的填料混合拌匀后分层填筑

E. 合理确定分层厚度及压实遍数

【解析】 参见教材第 178 页。

68. **【2004 年真题】**场地平整前，确定场地平整施工方案的首要任务是（　　）。

A. 确定场地内外土方调配方案　　B. 计算挖方和填方的工程量

C. 确定场地的设计标高　　D. 拟定施工方法与施工进度

【解析】 参见教材第 169 页。

69. **【2004 年真题】**某工程场地平整，土质为含水量较小的亚黏土，挖填高差不大，且

挖区与填区有一宽度400m相对平整地带，这种情况宜选用的主要施工机械为（　　）。

A. 推土机　　B. 铲运机

C. 正铲挖土机　　D. 反铲挖土机

【解析】 参见教材第176页。

70. 【2004年真题】某基础埋置深度较深，因地下水位较高，根据开挖需要，降水深度达18m，可考虑选用的降水方式有（　　）。

A. 轻型井点　　B. 喷射井点

C. 管井井点　　D. 深井井点

E. 电渗井点

【解析】 参见教材第173页表4.1.1。

71. 【2019年真题】某地区建筑设计基础底面以下有2~3m厚的湿陷性黄土需采用换填加固，回填材料应优先选用（　　）。

A. 灰土　　B. 粗砂

C. 沙砾　　D. 粉煤灰

【解析】 参见教材第181页。

72. 【2019年真题】在含水砂层中施工钢筋混凝土预制桩基础，沉桩方法宜优先选用（　　）。

A. 锤击沉桩　　B. 静力压桩

C. 射水沉桩　　D. 振动沉桩

【解析】 参见教材第187页。

73. 【2019年真题】关于混凝土灌注桩施工，下列说法正确的有（　　）。

A. 泥浆护壁成孔灌注桩实际成桩顶标高应比设计标高高出0.8~1.0m

B. 地下水位以上地层可采用人工成孔工艺

C. 泥浆护壁正循环钻孔灌注桩适用于桩径2.0m以下桩的成孔

D. 干作业成孔灌注桩采用短螺旋钻孔机一般需分段多次成孔

E. 爆扩成孔灌注桩由桩柱、爆扩部分和桩底扩大头三部分组成

【解析】 参见教材第188~191页。

74. 【2018年真题】现浇混凝土灌注桩，按成孔方法分为（　　）。

A. 柱锤冲扩桩　　B. 泥浆护壁成孔灌注桩

C. 干作业成孔灌注桩　　D. 人工挖孔灌注桩

E. 爆扩成孔灌注桩

【解析】 参见教材第188页。

75. 【2017年真题】地基处理常采用强夯法，其特点在于（　　）。

A. 处理速度快、工期短，适用于城市施工

B. 不适用于软黏土层处理

C. 处理范围应小于建筑物基础范围

D. 采取相应措施还可用于水下夯实

【解析】　参见教材第 181 页。

76. 【2017 年真题】钢筋混凝土预制桩锤击沉桩法施工，通常采用（　　）。

A. 轻锤低击的打桩方式　　B. 重锤低击的打桩方式

C. 先四周后中间的打桩顺序　　D. 先打短桩后打长桩

【解析】　参见教材第 185 页。

77. 【2016 年真题】在砂性土中施工直径 2.5m 的高压喷射注浆桩，应采用（　　）。

A. 单管法　　B. 二重管法

C. 三重管法　　D. 多重管法

【解析】　参见教材第 184 页。

78. 【2016 年真题】在砂土地层中施工泥浆护壁成孔灌注桩，桩径 1.8m，桩长 52m，应优先考虑采用（　　）。

A. 正循环钻孔灌注桩　　B. 反循环钻孔灌注桩

C. 钻孔扩底灌注桩　　D. 冲击成孔灌注桩

【解析】　参见教材第 188 页。

79. 【2016 年真题】关于钢筋混凝土预制桩施工，说法正确的是（　　）。

A. 基坑较大时，打桩宜从周边向中间进行

B. 打桩宜采用重锤低击

C. 钢筋混凝土预制桩堆放层数不超过 2 层

D. 桩体混凝土强度达到设计强度的 70%方可运输

【解析】　参见教材第 185 页。

80. 【2015 年真题】以下土层中不宜采用重锤夯实地基的是（　　）。

A. 砂土　　B. 湿陷性黄土

C. 杂填土　　D. 软黏土

【解析】　参见教材第 181 页。

81. 【2015 年真题】以下土层中可以用灰土桩挤密地基施工的是（　　）。

A. 地下水位以下，深度在 15m 以内的湿陷性黄土地基

B. 地下水位以上，含水量不超过 30%的地基土层

C. 地下水位以下的人工填土地基

D. 含水量在 25%以下的人工填土地基

【解析】　参见教材第 182、183 页。

82. 【2015 年真题】钢筋混凝土预制桩的运输和堆放应满足以下要求（　　）。

A. 混凝土强度达到设计强度的 70%方可运输

B. 混凝土强度达到设计强度的 100%方可运输

C. 堆放层数不宜超过 10 层

D. 不同规格的桩按上小下大的原则堆放

【解析】 参见教材第 185 页。

83. 【2015 年真题】采用锤击法打预制钢筋混凝土桩，方法正确的是（　　）。

A. 桩重大于 2t 时，不宜采用“重锤低击”施工

B. 桩重小于 2t 时，可采用 1.5~2 倍桩重的桩锤

C. 桩重大于 2t 时，可采用桩重 2 倍以上的桩锤

D. 桩重小于 2t 时，可采用“轻锤高击”施工

【解析】 参见教材第 185 页。

84. 【2015 年真题】打桩机正确的打桩顺序为（　　）。

A. 先外后内　　B. 先大后小

C. 先短后长　　D. 先浅后深

【解析】 参见教材第 186 页。

85. 【2015 年真题】静力压桩正确的施工工艺流程是（　　）。

A. 定位——吊桩——对中——压桩——接桩——压桩——送桩——切割桩头

B. 吊桩——定位——对中——压桩——送桩——压桩——接桩——切割桩头

C. 对中——吊桩——插桩——送桩——静压——接桩——压桩——切割桩头

D. 吊桩——定位——压桩——送桩——接桩——压桩——切割桩头

【解析】 参见教材第 186 页。

86. 【2015 年真题】爆扩成孔灌注桩的主要优点在于（　　）。

A. 适于在软土中形成桩基础　　B. 扩大桩底支承面

C. 增大桩身周边土体的密实度　　D. 有效扩大桩柱直径

【解析】 参见教材第 191 页。

87. 【2014 年真题】关于钢筋混凝土预制桩加工制作，说法正确的是（　　）。

A. 长度在 10m 以上的桩必须工厂预制

B. 重叠法预制不宜超过 5 层

C. 重叠法预制下层桩强度达到设计强度 70%以上时方可灌注上层桩

D. 桩的强度达到设计强度的 70%方可起吊

【解析】 参见教材第 185 页。

88. 【2013 年真题】关于地基夯实加固处理成功的经验是（　　）。

A. 砂土、杂填土和软黏土层适宜采用重锤夯实

B. 地下水距地面 0.8m 以上的湿陷性黄土不宜采用重锤夯实

C. 碎石土、砂土、黏土不宜采用强夯法

D. 工业废渣、垃圾地基适宜采用强夯法

【解析】 参见教材第 181 页。

89. 【2013 年真题】现场采用重叠法预制钢筋混凝土桩时，上层桩的浇筑应等到下层桩混凝土强度达到设计强度等级的（　　）。

A. 30%　　B. 60%

C. 70%　　　　D. 100%

【解析】 参见教材第 185 页。

90. 【2012 年真题】关于土桩和灰土桩的说法，正确的有（　　）。

A. 土桩和灰土桩挤密地基是由桩间挤密土和填夯的桩体组成

B. 用于处理地下水位以下，深度 5~15m 的湿陷性黄土

C. 土桩主要用于提高人工填土地基的承载力

D. 灰土桩主要用于消除湿陷性黄土地基的湿陷性

E. 不宜用于含水量超过 25%的人工填土地基

【解析】 参见教材第 182、183 页。

91. 【2011 年真题】钢筋混凝土预制桩起吊时，混凝土强度应至少达到设计强度的（　　）。

A. 30%　　　　B. 50%

C. 70%　　　　D. 100%

【解析】 参见教材第 185 页。

92. 【2010 年真题】采用深层搅拌法进行地基加固处理，其适用条件为（　　）。

A. 砂砾石松软地基　　　　B. 松散砂地基

C. 黏土软弱地基　　　　D. 碎石土软弱地基

【解析】 参见教材第 183 页。

93. 【2010 年真题】采用叠浇法预制构件，浇筑上层构件混凝土时，下层构件混凝土强度至少达到设计强度的（　　）。

A. 20%　　　　B. 30%

C. 40%　　　　D. 50%

【解析】 参见教材第 185 页。

94. 【2009 年真题】桩基础工程施工中，振动沉桩法的主要优点有（　　）。

A. 适宜于黏性土层　　　　B. 对夹有孤石的土层优势突出

C. 在含水砂层中效果显著　　　　D. 设备构造简单、使用便捷

E. 配以水冲法可用于沙砾层

【解析】 参见教材第 187 页。

95. 【2008 年真题】在桩基础打桩中，较适合在砂土、塑性黏土中施工的是（　　）。

A. 柴油桩锤　　　　B. 双动桩锤

C. 单动桩锤　　　　D. 振动桩锤

【解析】 参见教材第 187 页。

96. 【2007 年真题】在桩基工程施工中，振动沉桩对地基土层有一定的要求，它不适用于（　　）。

A. 砂土　　　　B. 砂质黏土

C. 亚黏土　　　　D. 黏性土

【解析】 参见教材第 187 页。

97.【2020年真题】在钢筋混凝土结构中同一钢筋连接区段内纵向受力筋的接头，对设计无规定的，应满足的要求有（　　）。

A. 在受拉区接头面积百分率≤50%

B. 直接承受动荷载的结构中，必须用焊接连接

C. 直接承受动荷载的结构中，采用机械连接其接头面积百分率≤50%

D. 必要时可在构件端部箍筋加密区设置高质量机械连接接头，但面积百分率≤50%

E. 一般在梁端箍筋加密区不宜设置接头

【解析】 参见教材第 200、201 页。

98.【2019年真题】砌筑砂浆试块强度验收合格的标准是，同一验收批砂浆试块强度平均值应不小设计强度等级值的（　　）。

A. 90%　　B. 100%

C. 110%　　D. 120%

【解析】 参见教材第 194 页。

99.【2019年真题】混凝土浇筑应符合的要求为（　　）。

A. 梁板混凝土应分别浇筑，先浇梁后浇板

B. 有主次梁的楼板宜顺着主梁方向浇筑

C. 单向板宜沿板的短边方向浇筑

D. 高度大于 1.0m 的梁可单独浇筑

【解析】 参见教材第 208、209 页。

100.【2019年真题】关于钢筋安装，下列说法正确的是（　　）。

A. 框架梁钢筋应安装在柱纵向钢筋的内侧

B. 牛腿钢筋应安装在柱纵向钢筋的外侧

C. 柱帽钢筋应安装在柱纵向钢筋的外侧

D. 墙钢筋的弯钩应沿墙面朝下

【解析】 参见教材第 202、203 页。

101.【2019年真题】关于装配式混凝土施工，下列说法正确的是（　　）。

A. 水平运输梁、柱构件时，叠放不宜超过 3 层

B. 水平运输板类构件时，叠放不宜超过 7 层

C. 钢筋套筒连接灌浆施工时，环境温度不得低于 10℃

D. 钢筋套筒连接施工时，连接钢筋偏离孔洞中心线不宜超过 10mm

【解析】 参见教材第 216、217 页。

102.【2018年真题】在剪力墙体系和筒体体系高层建筑的混凝土结构施工时，高效、安全一次性模板投资少的模板形式应为（　　）。

A. 组合模板　　B. 滑升模板

C. 爬升模板　　D. 台模

【解析】　参见教材第 205 页。

103. **【2018 年真题】**装配式混凝土结构施工时，直径大于 20mm 或直接受动力荷载构件的纵向钢筋不宜采用（　　）。

A. 套筒灌浆连接　　B. 浆锚搭接连接

C. 机械连接　　D. 焊接连接

【解析】　参见教材第 215 页。

104. **【2018 年真题】**单层工业厂房结构吊装的起重机，可根据现场条件、构件重量、起重机性能选择（　　）。

A. 单侧布置　　B. 双侧布置

C. 跨内单行布置　　D. 跨外环形布置

E. 跨内环形布置

【解析】　参见教材第 228、229 页。

105. **【2017 年真题】**建筑主体结构采用泵送方式输送混凝土，其技术要求应满足（　　）。

A. 粗骨料粒径大于 25mm 时，出料口高度不宜超过 60m

B. 粗骨料最大粒径在 40mm 以内时可采用内径 150mm 的泵管

C. 大体积混凝土浇筑入模温度不宜大于 50℃

D. 粉煤灰掺量可控制在 25%~30%

【解析】　参见教材第 208、209 页。

106. **【2017 年真题】**混凝土冬季施工时，应注意（　　）。

A. 不宜采用普通硅酸盐水泥　　B. 适当增加水灰比

C. 适当添加缓凝剂　　D. 适当添加引气剂

【解析】　参见教材第 212~214 页。

107. **【2017 年真题】**先张法预应力混凝土构件施工，其工艺流程为（　　）。

A. 支底模-支侧模-张拉钢筋-浇筑混凝土-养护、拆模-放张钢筋

B. 支底模-张拉钢筋-支侧模-浇筑混凝土-放张钢筋-养护、拆模

C. 支底模-预应力钢筋安放-张拉钢筋-支侧模-浇混凝土-拆模-放张钢筋

D. 支底模-钢筋安放-支侧模-张拉钢筋-浇筑混凝土-放张钢筋-拆模

【解析】　参见教材第 219 页图 4.1.2。

108. **【2016 年真题】**关于先张法预应力混凝土施工，说法正确的有（　　）。

A. 先支设底模再安装骨架，张拉钢筋后再支设侧模

B. 先安装骨架再张拉钢筋然后支设底模和侧模

C. 先支设侧模和骨架，再安装底模后张拉钢筋

D. 混凝土宜采用自然养护和湿热养护

E. 预应力钢筋需待混凝土达到一定的强度值方可放张

【解析】　参见教材第 219 页图 4.1.28。

109. **【2015年真题】**预应力混凝土构件先张法施工工艺流程正确的为（　　）。

A. 安骨架、钢筋——张拉——安底、侧模——浇灌——养护——拆模——放张

B. 安底模、骨架、钢筋——张拉——支侧模——浇灌——养护——拆模——放张

C. 安骨架——安钢筋——安底、侧模——浇灌——张拉——养护——放张——拆模

D. 安底模、侧模——安钢筋——张拉——浇灌——养护——放张——拆模

【解析】 参见教材第219页图4.1.28。

110. **【2014年真题】**关于预应力后张法的施工工艺，下列说法正确的是（　　）。

A. 灌浆孔的间距，对预埋金属螺旋管不宜大于40m

B. 张拉预应力筋时，设计无规定的，构件混凝土的强度不低于设计强度等级的75%

C. 对后张法预应力梁，张拉时现浇结构混凝土的龄期不宜小于5d

D. 孔道灌浆所用水泥浆拌和后至灌浆完毕的时间不宜超过35min

【解析】 参见教材第219、220页。

111. **【2014年真题】**相对其他施工方法，板柱框架结构的楼板采用升板法施工的优点是（　　）。

A. 节约模板，造价较低　　B. 机械化程度高，造价较低

C. 用钢量小，造价较低　　D. 不用大型机械，适宜狭地施工

【解析】 参见教材第232页。

112. **【2013年真题】**对于大跨度的焊接球节点钢管网架的吊装，出于防火等级考虑，一般选用（　　）。

A. 大跨度结构高空拼装法施工　　B. 大跨度结构整体吊装法施工

C. 大跨度结构整体顶升法施工　　D. 大跨度结构滑移施工法

【解析】 参见教材第230页。

113. **【2012年真题】**主要用于浇筑平板式楼板或带边梁楼板的工具式模板为（　　）。

A. 大模板　　B. 台模

C. 隧道模板　　D. 永久式模板

【解析】 参见教材第205页。

114. **【2012年真题】**在单层工业厂房结构吊装中，如安装支座表面高度为15.0m（从停机面算起），绑扎点至所吊构件底面距离0.8m，索具高度为3.0m，则起重机起重高度至少为（　　）。

A. 18.2m　　B. 18.5m

C. 18.8m　　D. 19.1m

【解析】 参见教材第228页。

115. **【2012年真题】**直径大于40mm钢筋的切断方法应采用（　　）。

A. 锯床锯断　　B. 手动剪切器切断

C. 氧乙炔焰割切　　D. 钢筋剪切机切断

E. 电弧割切

【解析】 参见教材第 200 页。

116. 【2011 年真题】在直接承受动力荷载的钢筋混凝土构件中，纵向受力钢筋的连接方式不宜采用（　　）。

A. 绑扎搭接连接　　B. 钢筋直螺纹套管连接

C. 钢筋锥螺纹套管连接　　D. 闪光对焊连接

【解析】 参见教材第 201 页。

117. 【2011 年真题】对先张法预应力钢筋混凝土构件进行湿热养护，采取合理养护制度的主要目的是（　　）。

A. 提高混凝土强度　　B. 减少由于温差引起的预应力损失

C. 增加混凝土的收缩和徐变　　D. 增大混凝土于钢筋的共同作用

【解析】 参见教材第 219 页。

118. 【2011 年真题】关于混凝土搅拌的说法正确的有（　　）。

A. 轻骨料混凝土搅拌可选用自落式搅拌机

B. 搅拌时间不应小于最小搅拌时间

C. 选择二次投料法搅拌可提高混凝土强度

D. 施工配料主要依据是混凝土设计配合比

E. 混凝土强度相同时，一次投料法比二次投料法节约水泥

【解析】 参见教材第 208 页。

119. 【2010 年真题】预应力钢筋与螺纹端杆的焊接，宜采用的焊接方式是（　　）。

A. 电阻点焊　　B. 电渣压力焊

C. 闪光对焊　　D. 埋弧压力焊

【解析】 参见教材第 201 页。

120. 【2010 年真题】现浇钢筋混凝土构件模板拆除的条件有（　　）。

A. 悬臂构件底模拆除时的混凝土强度应达设计强度的 50%

B. 后张预应力混凝土结构构件的侧模宜在预应力筋张拉前拆除

C. 先张法预应混凝土结构构件的侧模宜在底模拆除后拆除

D. 侧模拆除时混凝土强度须达设计混凝土强度的 50%

E. 后张法预应力构件底模支架可在建立预应力后拆除

【解析】 参见教材第 206 页。

121. 【2009 年真题】砌块砌筑施工时应保证砂浆饱满，其中水平缝砂浆的饱满度应至少达到（　　）。

A. 60%　　B. 70%

C. 80%　　D. 90%

【解析】 参见教材第 196 页。

122. 【2009 年真题】HRB335 级、HRB400 级受力钢筋在末端做 135°的弯钩时，其弯弧内直径至少是钢筋直径的（　　）。

A. 2.5倍　　B. 3倍

C. 4倍　　D. 6.25倍

【解析】 参见教材第200页。

123. 【2009年真题】采用后张法施工，如设计无规定，张拉预应力筋时，要求混凝土的强度至少要达到设计规定的混凝土立方体抗压强度标准值的（　　）。

A. 85%　　B. 80%

C. 75%　　D. 70%

【解析】 参见教材第221页。

124. 【2009年真题】下列关于钢筋焊接连接，叙述正确的是（　　）。

A. 闪光对焊不适宜于预应力钢筋焊接

B. 电阻点焊主要应用于大直径钢筋的交叉焊接

C. 电渣压力焊适宜于斜向钢筋的焊接

D. 气压焊适宜于直径相差7mm以内的不同直径钢筋焊接

E. 电弧焊可用于钢筋和钢板的焊接

【解析】 参见教材第201页。

125. 【2008年真题】先砌砌体与后砌砌体之间的接合应尽量留斜槎，斜槎长度不应小于高度的（　　）。

A. 1/3　　B. 1/2

C. 3/5　　D. 2/3

【解析】 参见教材第195页。

126. 【2008年真题】模板类型较多，适用于现场浇筑大体量筒仓的模板是（　　）。

A. 组合模板　　B. 大模板

C. 台模　　D. 滑升模板

【解析】 参见教材第204页。

127. 【2008年真题】先张法预应力钢筋混凝土的施工，在放松预应力钢筋时，要求混凝土的强度不低于设计强度等级的（　　）。

A. 75%　　B. 80%

C. 85%　　D. 100%

【解析】 参见教材第219页。

128. 【2008年真题】某厂房平面宽度为72m，外搭脚手架宽度为3m，采用轨距为2.8m塔式起重机施工，塔式起重机为双侧布置，其最大起重半径不得小于（　　）。

A. 40.4m　　B. 41.8m

C. 42.3m　　D. 40.9m

【解析】 参见教材第229页。72/2+3+2.8/2+0.5=40.9(m)。

129. 【2008年真题】受力钢筋的弯钩和弯折应符合的要求是（　　）。

A. HPB300级钢筋末端做180°弯钩时，弯弧内直径应不小于2.5d

B. HRB335 级钢筋末端做 135°弯钩时，弯弧内直径应不小于 3d

C. HRB400 级钢筋末端做 135°弯钩时，弯弧内直径应不小于 4d

D. 钢筋做不大于 90°的弯折时，弯弧内直径应不小于 5d

E. HPB300 级钢筋弯钩的弯后平直部分长度应不小于 4d

【解析】 参见教材第 200 页。

130. **【2008 年真题】** 关于预应力混凝土工程施工，说法正确的是（　　）。

A. 钢绞线作预应力钢筋，其混凝土强度等级不宜低于 C40

B. 预应力混凝土构件的施工中，不能掺用氯盐早强剂

C. 先张法宜用于现场生产大型预应力构件

D. 后张法多用于预制构件厂生产定型的中小型构件

E. 先张法成本高于后张法

【解析】 参见教材第 218 页。

131. **【2007 年真题】** 用水泥混凝土搅拌成桩的施工流程是：定位→预埋下沉→提升并喷浆搅拌→重复下沉搅拌→重复提升搅拌→成桩结束。这一工艺过程应称为（　　）。

A. “一次喷浆、三次搅拌”　　B. “一次喷浆、二次搅拌”

C. “一次喷浆、四次搅拌”　　D. “二次喷浆、五次搅拌”

【解析】 参见教材第 171 页图 4.1.2。

132. **【2007 年真题】** 剪力墙和筒体体系的高层建筑施工应优先选用（　　）。

A. 组合横板　　B. 大模板

C. 拆移式模板　　D. 永久式模板

【解析】 参见教材第 204 页。

133. **【2007 年真题】** 预应力桥跨结构的施工多采用（　　）。

A. 单根粗钢筋锚具方法　　B. 钢丝束锚具方法

C. 先张法　　D. 后张法

【解析】 参见教材第 219 页。

134. **【2007 年真题】** 受力钢筋的弯钩和弯折，按技术规范的要求应做到（　　）。

A. HPB300 级钢筋末端做 180°弯钩，且弯弧内径不小于 3 倍钢筋直径

B. HRB335 级钢筋束端做 135°弯钩，且弯弧内径不小于 4 倍钢筋直径

C. 钢筋弯折不超过 90°的，弯弧内径不小于 5 倍钢筋直径

D. 对有抗震要求的结构。箍筋弯钩的弯折角度不小于 90°

E. 对有抗震要求的结构。箍筋弯后平直段长度不小于 5 倍箍筋直径

【解析】 参见教材第 200 页。

135. **【2006 年真题】** 与综合吊装法相比，采用分件吊装法的优点是（　　）。

A. 起重机开行路线短，停机点少

B. 能为后续工序及早提供工作面

C. 有利于各工种交叉平行流水作业

D. 可减少起重机变幅和索具更换次数，吊装效率高

【解析】 参见教材第229页。

136. **【2006年真题】** 剪力墙和筒体体系的高层建筑混凝土工程的施工模板，通常采用（　　）。

A. 组合模板　　B. 大模板

C. 滑升模板　　D. 压型钢板永久式模板

E. 爬升模板

【解析】 参见教材第204、205页。

137. **【2005年真题】** 当建筑物宽度较大且四周场地狭窄时，塔式起重机的布置方案宜采用（　　）。

A. 跨外单侧布置　　B. 跨外双侧布置

C. 跨内单行布置　　D. 跨内环形布置

【解析】 参见教材第229页。

138. **【2004年真题】** 预应力混凝土工程施工技术日趋成熟，在预应力钢筋选用时，应提倡采用强度高、性能好的（　　）。

A. 热处理钢筋　　B. 钢绞线

C. 乙级冷拔低碳钢丝　　D. 冷拉Ⅰ～Ⅲ级钢筋

【解析】 参见教材第218页。

139. **【2004年真题】** 在预应力混凝土结构中，当采用钢绞线、钢丝、热处理钢筋作预应力钢筋时，混凝土强度等级可采用（　　）。

A. C20　　B. C50　　C. C30

D. C40　　E. C35

【解析】 参见教材第218页。

140. **【2020年真题】** 地下防水工程防水混凝土正确的防水构造措施有（　　）。

A. 竖向施工缝应设置在地下水和裂隙水较多的地段

B. 竖向施工缝尽量与变形缝相结合

C. 贯穿防水混凝土的铁件应在铁件上加焊止水铁片

D. 贯穿铁件端部混凝土覆盖厚度不少于250mm

E. 水平施工缝应避开底板与侧墙交接处

【解析】 参见教材第236页。

141. **【2020年真题】** 屋面保温层施工应满足的要求有（　　）。

A. 先施工隔汽层再施工保温层

B. 隔汽层沿墙面高于保温层

C. 纤维材料保温层不宜采用机械固定法施工

D. 现浇泡沫混凝土保温层浇筑的自落高度≤1m

E. 混凝土一次浇筑厚度≤200mm

【解析】 参见教材第 242 页。

142. **【2018 年真题】**可用于地下砖石结构和防水混凝土结构的加强层，且施工方便、成本较低的表面防水层应为（　　）。

A. 水泥砂浆防水层　　B. 涂膜防水层

C. 卷材防水层　　D. 涂料防水层

【解析】 参见教材第 236 页。

143. **【2017 年真题】**屋面防水工程应满足的要求是（　　）。

A. 结构找坡不应小于 3%

B. 找平层应留设间距不小于 6m 的分格缝

C. 分格缝不宜与排气道贯通

D. 涂膜防水层的无纺布，上下胎体搭接缝不应错开

【解析】 参见教材第 232 页。

144. **【2017 年真题】**防水混凝土施工应满足的工艺要求有（　　）。

A. 混凝土中不宜掺和膨胀水泥

B. 入泵坍落度宜控制在 120~140mm

C. 浇筑时混凝土自落高度不得大于 1.5m

D. 后浇带应按施工方案设置

E. 当气温低于 5℃时喷射混凝土不得喷水养护

【解析】 参见教材第 235、236 页。

145. **【2016 年真题】**关于卷材防水屋面施工，说法正确的有（　　）。

A. 当基层变形较大时卷材防水层应优先选用满粘法

B. 采用满粘法施工，找平层分格缝处卷材防水层应空铺

C. 屋面坡度为 3%~15%时，卷材防水层应优先采用平行屋脊方向铺贴

D. 屋面坡度小于 3%时，卷材防水层应平行屋脊方向铺贴

E. 屋面坡度大于 25%时，卷材防水层应采取固定措施

【解析】 参见教材第 233、234 页。

146. **【2014 年真题】**卷材防水屋面施工时，卷材铺贴正确的有（　　）。

A. 采用满粘法施工时，找平层分割缝处空铺宽度宜为 100mm

B. 屋面坡度 3%~15%时，应优先采取平行于屋脊方向铺贴

C. 屋面坡度大于 15%时，合成高分子卷材可平行于屋脊方向铺贴

D. 屋面受振动时，沥青毡应平行于屋脊方向铺贴

E. 当屋面坡度小于 3%时宜垂直于屋脊方向铺贴

【解析】 参见教材第 233 页。

147. **【2013 年真题】**防水混凝土施工时应注意的事项有（　　）。

A. 应尽量采用人工振捣，不宜采用机械振捣

B. 浇筑时自落高度不得大于 1.5m

C. 应采用自然养护，养护时间不少于 7d

D. 墙体水平施工缝应留在高出底板表面 300mm 以上的墙体中

E. 施工缝距墙体预留孔洞边缘不小于 300mm

【解析】 参见教材第 235 页。

148. 【2012 年真题】当卷材防水层上有重物覆盖或基层变形较大时，优先采用的施工铺贴方法有（　　）。

A. 空铺法

B. 点粘法

C. 满粘法

D. 条粘法

E. 机械固定法

【解析】 参见教材第 233 页。

149. 【2011 年真题】地下防水施工中，外贴法施工卷材防水层主要特点有（　　）。

A. 施工占地面积较小

B. 底板与墙身接头处卷材易受损

C. 结构不均匀沉降对防水层影响大

D. 可及时进行漏水试验，修补方便

E. 施工工期较长

【解析】 参见教材第 237 页。

150. 【2010 年真题】屋面防水工程施工中，防水涂膜施工应满足的要求包括（　　）。

A. 宜选用无机盐防水涂料

B. 涂膜防水层与刚性防水层之间应设置隔离层

C. 上下两层胎体增强材料应相互垂直铺设

D. 应沿找平层分隔缝增设空铺附加层

E. 涂膜应分层分遍涂布，不得一次涂成

【解析】 参见教材第 233、234 页。

151. 【2009 年真题】地下防水工程施工时，防水混凝土应满足下列要求（　　）。

A. 不宜选用膨胀水泥为拌制材料

B. 在外加剂中不宜选用加气剂

C. 浇筑时混凝土自落高度不得大于 1. 5m

D. 应选用机械振捣方式

E. 自然养护时间不少于 14d

【解析】 参见教材第 235 页。

152. 【2008 年真题】地下防水混凝土工程施工时，应满足的要求是（　　）。

A. 环境应保持潮湿

B. 混凝土浇筑时的自落高度应控制在 1. 5m 以内

C. 自然养护时间应不少于 7 天

D. 施工缝应留在底板表面以下的墙体上

【解析】 参见教材第 235、236 页。

153. 【2006 年真题】有关卷材防水屋面施工，下列说法中错误的是（　　）。

A. 平行于屋脊的搭接缝应顺流水方向搭接

B. 当屋面坡度小于3%时卷材宜平行于屋脊铺贴

C. 搭接缝宜留在沟底而不宜留在天沟侧面

D. 垂直于屋脊的搭接缝应顺年最大频率风向搭接

【解析】 参见教材第233页。

154. **【2018年真题】** 墙面石材铺装应符合的规定是（　　）。

A. 较厚的石材应在背面粘贴玻璃纤维网布

B. 较薄的石材应在背面粘贴玻璃纤维网布

C. 强度较高的石材应在背面粘贴玻璃纤维网布

D. 采用粘贴法施工时基层应压光

【解析】 参见教材第246页。

155. **【2014年真题】** 混凝土或抹灰基层涂刷溶剂型涂料时，含水率不得大于（　　）。

A. 8%　　B. 9%

C. 10%　　D. 12%

【解析】 参见教材第246页。

156. **【2012年真题】** 在关于一般抹灰的说法，正确的是（　　）。

A. 抹灰应分层进行，抹石灰砂浆和水泥混合砂浆每遍厚度宜为5~7mm

B. 当抹灰总厚度大于25mm时，应采取加强措施

C. 底层的抹灰层强度不得低于面层的抹灰层强度

D. 用石灰砂浆抹灰时，应待前一抹灰层凝结后方可抹后一层

【解析】 参见教材第243页。

157. **【2011年真题】** 一般抹灰工程在进行大面积抹灰前设置标筋的目的是（　　）。

A. 划分抹灰范围　　B. 提高整体强度

C. 增大与基层的结合作用　　D. 控制抹灰厚度

【解析】 参见教材第243页。

158. **【2008年真题】** 夏季进行水泥砂浆面层抹压施工后，通常不宜直接养护，正确的养护间隔时间应为（　　）。

A. 7小时　　B. 14小时

C. 24小时　　D. 48小时

【解析】 参见教材第243页。

159. **【2004年真题】** 安装玻璃幕墙的玻璃时，不直接将玻璃坐落到金属下框上，应在金属框内垫上氯丁橡胶之类的材料，这是为了（　　）。

A. 防玻璃震动碎裂伤人　　B. 抵抗风压

C. 缓冲玻璃的热胀冷缩　　D. 便于更换玻璃

【解析】 参见教材第249页。

二、参考答案

题号	1	2	3	4	5	6	7	8	9
答案	D	D	C	A	B	A	B	B	B
题号	10	11	12	13	14	15	16	17	18
答案	ABDE	AB	B	C	C	D	A	B	D
题号	19	20	21	22	23	24	25	26	27
答案	B	A	BD	AC	A	C	D	B	D
题号	28	29	30	31	32	33	34	35	36
答案	B	C	D	C	B	B	C	C	D
题号	37	38	39	40	41	42	43	44	45
答案	B	ACD	B	A	B	C	C	BD	B
题号	46	47	48	49	50	51	52	53	54
答案	D	D	C	D	D	B	AD	C	C
题号	55	56	57	58	59	60	61	62	63
答案	C	C	B	C	B	C	ACDE	C	BC
题号	64	65	66	67	68	69	70	71	72
答案	C	C	CD	ABCE	C	B	BD	A	D
题号	73	74	75	76	77	78	79	80	81
答案	ABD	BCDE	D	B	D	B	B	D	D
题号	82	83	84	85	86	87	88	89	90
答案	B	B	B	A	B	D	D	A	AE
题号	91	92	93	94	95	96	97	98	99
答案	C	C	B	CDE	D	D	ACDE	C	D
题号	100	101	102	103	104	105	106	107	108
答案	A	A	C	B	ABCE	B	D	C	ADE
题号	109	110	111	112	113	114	115	116	117
答案	B	B	D	B	B	D	ACE	D	B
题号	118	119	120	121	122	123	124	125	126
答案	BCD	C	BE	D	C	C	CDE	D	D
题号	127	128	129	130	131	132	133	134	135
答案	A	D	ACD	AB	B	B	C	BC	D
题号	136	137	138	139	140	141	142	143	144
答案	BCE	D	B	BD	BCDE	ABDE	A	A	BCE
题号	145	146	147	148	149	150	151	152	153
答案	BCDE	ABC	BDE	ABDE	BDE	BDE	CDE	B	C
题号	154	155	156	157	158	159			
答案	B	A	C	D	C	C			

三、2023考点预测

考点一：基坑基槽支护结构、井点降水施工

考点二：基坑验槽及桩施工

考点三：砖砌体工程及钢筋混凝土工程施工

考点四：卷材防水屋面施工

第二节 道路、桥梁与涵洞工程施工技术

考点一：道路工程施工技术

考点二：桥梁工程施工技术

考点三：涵洞工程施工技术

一、经典真题及解析

1.【2022年真题】下列地质路堑开挖方法中，适用于浅且短的路堑开挖方法是（　　）。

A. 单层横向全宽挖掘法　　B. 多层横向全宽挖掘法

C. 通道纵挖法　　D. 分层纵挖法

【解析】参见教材第255页。

2.【2022年真题】根据加固性质，下列施工方法中，适用于软土路基的有（　　）。

A. 分层压实法　　B. 表层处理法

C. 竖向填筑法　　D. 换填法

E. 重压法

【解析】参见教材第256~259页。

3.【2021年真题】在路线纵向长度和挖深均较大的土质路堑开挖时，应采用的开挖方法为（　　）。

A. 单层横向全宽挖掘法　　B. 多层横向全宽挖掘法

C. 分层纵挖法　　D. 混合式挖掘法

【解析】参见教材第256页。

4.【2021年真题】沥青路面面层厂拌法施工的主要优点为（　　）。

A. 有利于就地取材　　B. 要求沥青稠度较低

C. 路面使用寿命长　　D. 设备简单且造价低

【解析】参见教材第262页。

5.【2021年真题】关于路石方施工中的爆破作业，下列说法正确的有（　　）。

A. 浅孔爆破适宜使用潜孔钻机凿孔

B. 采用集中药包可以使岩石均匀破碎

C. 坑道药包用于大型爆破

D. 导爆线起爆爆速快、成本较低

E. 塑料导爆管起爆使用安全、成本较低

【解析】 参见教材第 260 页。

6. **【2021 年真题】**下列关于路面施工机械特征的描述，说法正确的有（　　）。

A. 履带式沥青混凝土摊铺机对路基的不平度敏感性高

B. 履带式沥青混凝土摊铺机易出现打滑现象

C. 轮胎式沥青混凝土摊铺机的机动性好

D. 水泥混凝土摊铺机因其移动形式不同分为自行式和拖式

E. 水泥混凝土摊铺机主要由发动机、布料机、平整机等组成

【解析】 参见教材第 267 页。

7. **【2020 年真题】**路基基底原状土开挖换填的主要目的在于（　　）。

A. 便于导水　　B. 便于蓄水

C. 提高稳定性　　D. 提高作业效率

【解析】 参见教材第 253 页。

8. **【2020 年真题】**用水泥和熟石灰稳定剂处置法处理软土路基，施工时关键应做好（　　）。

A. 稳定土的压实工作　　B. 土体自由水的抽排

C. 垂直排水固结工作　　D. 土体真空预压工作

【解析】 参见教材第 259 页。

9. **【2020 年真题】**涵洞沉降缝适宜设置在（　　）。

A. 涵洞和翼墙交接处　　B. 洞身范围中段

C. 进水口外缘面　　D. 端墙中心线处

【解析】 参见教材第 275 页。

10. **【2020 年真题】**大跨径连续梁上部结构悬臂浇筑法施工的特点有（　　）。

A. 施工速度较快　　B. 上下平行作业

C. 一般不影响桥下交通　　D. 施工较复杂

E. 结构整体性较差

【解析】 参见教材第 269 页。

11. **【2019 年真题】**关于一般路基土方施工，下列说法正确的是（　　）。

A. 填筑路堤时，对一般的种植土、草皮可不作清除

B. 高速公路路堤基底的压实度不应小于 90%

C. 基底土质湿软而深厚时，按一般路基处理

D. 填筑路堤时，为便于施工，尽量采用粉性土

【解析】 参见教材第 253、254 页。

12. 【2019 年真题】软土路基施工时，采用土工格栅的主要目的是（　　）。

A. 减少开挖深度　　B. 提高施工机械化程度

C. 约束土体侧向位移　　D. 提高基底防渗性

【解析】 参见教材第 257 页。

13. 【2019 年真题】关于道路工程压实机械的应用，下列说法正确的有（　　）。

A. 重型光轮压路机主要用于最终压实路基和其他基础层

B. 轮胎压路机适用于压实砾石、碎石路面

C. 新型振动压路机可以压实平、斜面作业面

D. 夯实机械适用于黏性土壤和非黏性土壤的夯实作业

E. 手扶式振动压路机适用于城市主干道的路面压实作用

【解析】 参见教材第 266 页。

14. 【2019 年真题】关于路基石方爆破施工，下列说法正确的有（　　）。

A. 光面爆破主要是通过加大装药量来实现

B. 预裂爆破主要是为了增大一次性爆破石方量

C. 微差爆破相邻两药包起爆时差可以为 50ms

D. 定向爆破可有效提高石方的堆积效果

E. 洞室爆破可减少清方工程量

【解析】 参见教材第 259 页。

15. 【2018 年真题】路堤填筑时应优先选用的填筑材料为（　　）。

A. 卵石　　B. 粉性土

C. 重黏土　　D. 亚砂土

【解析】 参见教材第 254 页。

16. 【2018 年真题】一级公路水泥稳定土路面基层施工，下列说法正确的是（　　）。

A. 厂拌法　　B. 路拌法

C. 振动压实法　　D. 人工拌和法

【解析】 参见教材第 262 页。

17. 【2018 年真题】软土路基处治的换填法主要有（　　）。

A. 开挖换填法　　B. 垂直排水固结法

C. 抛石挤淤法　　D. 稳定剂处置法

E. 爆破排淤法

【解析】 参见教材第 257、258 页。

18. 【2018 年真题】填石路堤施工的填筑方法主要有（　　）。

A. 竖向填筑法　　B. 分层压实法

C. 振冲置换法　　D. 冲击压实法

E. 强力夯实法

【解析】 参见教材第 260、261 页。

19. **【2017 年真题】**一般路基土方施工时，可优先选作填料的是（　　）。

A. 亚砂土　　B. 粉性土

C. 黏性土　　D. 粗砂

【解析】 参见教材第 254 页。

20. **【2017 年真题】**石方爆破清方时应考虑的因素是（　　）。

A. 根据爆破块度和岩堆大小选择运输机械

B. 根据工地运输条件决定车辆数量

C. 根据不同的装药形式选择挖掘机械

D. 运距在 300m 以内优先选用推土机

【解析】 参见教材第 260 页。

21. **【2017 年真题】**路基石方爆破时，同等爆破方量条件下，清方量较小的爆破方式为（　　）。

A. 光面爆破　　B. 微差爆破

C. 预裂爆破　　D. 定向爆破

E. 洞室爆破

【解析】 参见教材第 259 页。

22. **【2016 年真题】**关于路基石方施工，说法正确的有（　　）。

A. 爆破作业时，炮眼的方向和深度直接影响爆破效果

B. 选择清方机械应考虑爆破前后机械撤离和再次进入的方便性

C. 为了确保炮眼堵塞效果通常用铁棒将堵塞物捣实

D. 运距较远时通常选择挖掘机配自卸汽车进行清方

E. 装药方式的选择与爆破方法和施工要求有关

【解析】 参见教材第 260 页。

23. **【2015 年真题】**路基填土施工时应特别注意（　　）。

A. 优先采用竖向填筑法

B. 尽量采用纵向分层填筑

C. 纵坡大于 12%时宜采用混合填筑

D. 不同性质的土不能任意混填

【解析】 参见教材第 254 页。

24. **【2015 年真题】**路基开挖宜采用通道纵挖法的是（　　）。

A. 长度较小的路堑　　B. 深度较浅的路堑

C. 两端地面纵坡较小的路堑　　D. 不宜采用机械开挖的路堑

【解析】 参见教材第 256 页。

25. **【2015 年真题】**路基石方爆破开挖时，选择清方机械主要考虑的因素有（　　）。

A. 场内道路条件　　B. 进场道路条件

C. 一次爆破石方量　　D. 循环周转准备时间

E. 当地气候条件

【解析】 参见教材第 260 页。

26. 【2014 年真题】下列土类中宜选作路堤填料的是（　　）。

A. 粉性土　　B. 亚砂土

C. 重黏土　　D. 植物土

【解析】 参见教材第 254 页。

27. 【2014 年真题】压实黏性土壤路基时，可选用的压实机械有（　　）。

A. 平地机　　B. 光轮压路机

C. 轮胎压路机　　D. 振动压路机

E. 夯实机械

【解析】 参见教材第 266 页。

28. 【2013 年真题】填筑路堤前是否需要进行基底处理不取决于（　　）。

A. 地面横坡陡缓　　B. 基底土层松实

C. 填方高度大小　　D. 填料土体性质

【解析】 参见教材第 253 页。

29. 【2013 年真题】采用爆破作业方式进行路基石方施工，选择清方机械时应考虑的因素有（　　）。

A. 爆破岩石块度大小　　B. 工程要求的生产能力

C. 机械进出现场条件　　D. 爆破起爆方式

E. 凿孔机械功率

【解析】 参见教材第 260 页。

30. 【2012 年真题】道路工程施工时，路堤填料优先采用（　　）。

A. 粉性土　　B. 砾石

C. 黏性土　　D. 碎石

E. 粗砂

【解析】 参见教材第 254 页。

31. 【2011 年真题】道路工程施工中，正确的路堤填筑方法有（　　）。

A. 不同性质的土应混填　　B. 弱透水性土置于透水性土之上

C. 不同性质的土有规则的分层填筑　　D. 堤身较高时采用混合填筑

E. 竖向填筑时应采用高效能压实机械

【解析】 参见教材第 254、255 页。

32. 【2010 年真题】堤身较高或受地形限制时，建筑路堤的方法通常采用（　　）。

A. 水平分层填筑　　B. 竖向填筑

C. 纵向分层填筑　　D. 混合填筑

【解析】 参见教材第 255 页。

33. 【2010 年真题】关于沥青路面面层施工的说法，正确的有（　　）。

A. 热拌沥青混合料路面施工时，为了加快施工速度，可在现场人工拌制

B. 热拌沥青混合料路面施工时，初压应采用开启振动装置的振动压路机碾压

C. 乳化沥青碎石混合料路面施工时，混合料宜采用拌和厂机械拌制

D. 沥青表面处治最常用的施工方法是层铺法

E. 沥青表面处治施工中，碾压结束即可开放交通，但应控制车速和行驶路线

【解析】 参见教材第263页。

34. **【2009年真题】** 下列关于道路施工中压实机械使用范围叙述正确的是（　　）。

A. 轮胎压路机不适于砂质土壤和黏性土壤的压实

B. 振动压路机适宜于沥青混凝土路面复压

C. 轻型光轮压路机可用于路基压实及公路养护

D. 轮胎压路机适宜于沥青混凝土路面初压

E. 夯实机械不适于对黏性土夯实

【解析】 参见教材第266页。

35. **【2008年真题】** 道路工程爆破施工选择清方机械时，应考虑的技术经济条件有（　　）。

A. 工期要求　　B. 现场交通条件

C. 起爆方式　　D. 爆块和岩堆大小

E. 爆破方法

【解析】 参见教材第260页。由于教材仅说机械设备进入工地的运输条件和爆破时机械撤离和重新进入工作面是否方便，B选项争议太大。

36. **【2007年真题】** 在道路路堤工程施工中，路堤所用填料应优先选用（　　）。

A. 粉性土　　B. 重黏土

C. 亚黏土　　D. 粗砂

E. 碎石

【解析】 参见教材第254页。

37. **【2005年真题】** 路基石方深孔爆破凿孔时，通常选用的钻机有（　　）。

A. 手风钻　　B. 回转式钻机

C. 冲击式钻机　　D. 潜孔钻机

E. 地质钻机

【解析】 参见教材第260页。

38. **【2004年真题】** 沥青混凝土路面的初压和终压可选用的压路机械有（　　）。

A. 光轮压路机　　B. 轮胎压路机

C. 振动压路机　　D. 关闭振动装置的振动压路机

E. 手扶振动压路机

【解析】 参见教材第263页。

39. **【2022年真题】** 关于桥梁墩台施工，下列说法正确的是（　　）。

A. 墩台混凝土宜垂直分层浇筑

B. 实体墩台为大体积混凝土的，水泥应选用硅酸盐水泥

C. 墩台混凝土分块浇筑时，接缝应与墩台截面尺寸较大的一边平行

D. 墩台混凝土分块浇筑时，邻层接缝宜做成企口形

【解析】参见教材第 268 页。

40. 【2022 年真题】下列桥梁上部结构的施工方法中，施工期间不影响通航或桥下交通的有（　　）。

A. 悬臂施工法　　B. 支架现浇法

C. 预制安装法　　D. 转体施工法

E. 提升浮运施工法

【解析】参见教材第 269~271 页，选项 E 要慎选。

41. 【2021 年真题】桥梁上部结构施工中，对通航和桥下交通有影响的是（　　）。

A. 支架浇筑　　B. 悬臂施工法

C. 转体施工　　D. 移动模架

【解析】参见教材第 269 页。

42. 【2019 年真题】关于桥梁上部结构顶推法施工特点，下列说法正确的是（　　）。

A. 减少高空作业，无须大型起重设备　　B. 施工材料用量少，施工难度小

C. 适宜于大跨径桥梁施工　　D. 施工周期短，但施工费用高

【解析】参见教材第 270 页。

43. 【2019 年真题】桥梁上部结构转体法施工的主要特点有（　　）。

A. 构件须在预制厂标准加工制作　　B. 施工设备和工序较复杂

C. 适宜于大跨及特大桥施工　　D. 施工期间对桥下交通影响小

E. 可以跨越通车线路进行施工

【解析】参见教材第 270 页。

44. 【2014 年真题】采用移动模架施工桥梁承载结构，其主要优点有（　　）。

A. 施工设备少，装置简单，易于操作　　B. 无须地面支架，不影响交通

C. 机械化程度高，降低劳动强度　　D. 上下部结构可平行作业，缩短工期

E. 模架可周转使用，可在预制场生产

【解析】参见教材第 271 页。

45. 【2013 年真题】关于桥梁墩台施工的说法，正确的是（　　）。

A. 简易活动脚手架适宜于 25m 以下的砌石墩台施工

B. 当墩台高度超过 30m 时宜采用固定模板施工

C. 墩台混凝土适宜采用强度等级较高的普通水泥

D. 6m 以下的墩台可采用悬吊脚手架施工

【解析】参见教材第 267、268 页。

46. 【2013 年真题】移动模架逐孔施工桥梁上部结构，其主要特点为（　　）。

A. 地面支架体系复杂，技术要求高
B. 上下部结构可以平行作业
C. 设备投资小，施工操作简单
D. 施工工期相对较长

【解析】 参见教材第 271 页。

47. 【2012 年真题】跨径 100m 以下的桥梁施工时，为满足桥梁上下部结构平行作业和施工精度要求，优先选用的方法是（　　）。

A. 悬臂浇注法
B. 悬臂拼装法
C. 转体法
D. 支架现浇法

【解析】 参见教材第 269 页。

48. 【2012 年真题】桥梁承载结构施工法中，转体施工的主要特点有（　　）。

A. 不影响通航或桥下交通
B. 高空作业少，施工工艺简单
C. 可利用地形，方便预制构件
D. 施工设备种类多，装置复杂
E. 节约木材，节省施工用料

【解析】 参见教材第 270 页。

49. 【2010 年真题】采用顶推法进行桥梁承载结构的施工，说法正确的是（　　）。

A. 主梁分段预制，速度较快，但结构整体性差
B. 施工平稳无噪声，但施工费用高
C. 顶推施工时，用钢量较大
D. 顶推法宜在变截面梁上使用

【解析】 参见教材第 270 页。

50. 【2010 年真题】桥梁承载结构采用移动模架逐孔施工，其主要特点有（　　）。

A. 不影响通航和桥下交通
B. 模架可多次周转使用
C. 施工准备和操作比较简单
D. 机械化、自动化程度高
E. 可上下平行作业，缩短工期

【解析】 参见教材第 271 页。

51. 【2009 年真题】下列关于采用预制安装法施工桥梁承载结构，叙述正确的是（　　）。

A. 构件质量好，尺寸精度高
B. 桥梁整体性好，但施工费用高
C. 不便于上下平行作业，相对安装工期长
D. 减少或避免了混凝土的徐变变形
E. 设备相互影响大，劳动力利用率低

【解析】 参见教材第 269 页。

52. **【2008 年真题】**配制桥梁实体墩台混凝土的水泥，应优先选用（　　）。

A. 硅酸盐水泥　　B. 普通硅酸盐水泥

C. 铝酸盐水泥　　D. 矿渣硅酸盐水泥

【解析】 参见教材第 268 页。

53. **【2006 年真题】**关于整体式桥梁墩台施工，下列说法中错误的是（　　）。

A. 采用精凿加工石料砌筑可节省水泥且经久耐用

B. 设计混凝土配合比时应优先选用强度等级较高的普通硅酸盐水泥

C. 当墩台截面面积大于 $100m^2$ 时，可分段浇筑

D. 大体积圬工中可采用片石混凝土，以节省水泥

【解析】 参见教材第 268 页。

54. **【2006 年真题】**桥梁承载结构施工方法中，投入施工设备和施工用钢量相对较少的是（　　）。

A. 转体施工法　　B. 顶推法施工

C. 移动模架逐孔施工法　　D. 提升与浮运施工法

【解析】 参见教材第 270 页。

55. **【2005 年真题】**桥梁实体墩台混凝土宜选用的水泥是（　　）。

A. 粉煤灰硅酸盐水泥　　B. 硅酸盐水泥

C. 矿山渣水泥　　D. 52.5 普通硅酸盐水泥

【解析】 参见教材第 268 页。

56. **【2004 年真题】**大跨径连续梁桥的承载结构混凝土浇筑常采用的施工方法是(　　)。

A. 移动模架逐孔施工法　　B. 顶推法

C. 悬臂浇筑法　　D. 转体施工法

【解析】 参见教材第 269 页。

57. **【2022 年真题】**大型涵管排管选用的排管法是（　　）。

A. 外壁边线排管　　B. 基槽边线排管

C. 中心线法排管　　D. 基槽标高排管

【解析】 参见教材第 272 页。

58. **【2013 年真题】**混凝土拱涵和石砌拱涵施工应符合的要求有（　　）。

A. 涵洞孔径在 3m 以上，宜用 18~32kg 型轻便轨

B. 用混凝土块砌筑拱圈，灰缝宽度宜为 20mm

C. 预制拱圈强度达到设计强度的 70% 时方可安装

D. 拱圈浇灌混凝土不能一次完成时可沿水平分段进行

E. 拆除拱圈支架后，拱圈中砂浆强度达到设计强度的 100%时，方可填土。

【解析】 参见教材第 273 页。

二、参考答案

题号	1	2	3	4	5	6	7	8	9
答案	A	BDE	D	C	CE	CE	C	A	A
题号	10	11	12	13	14	15	16	17	18
答案	ABC	B	C	ABD	CDE	A	A	ACE	ABDE
题号	19	20	21	22	23	24	25	26	27
答案	D	A	DE	ABDE	D	C	BCD	B	CDE
题号	28	29	30	31	32	33	34	35	36
答案	D	ABC	BDE	BCDE	D	CDE	BD	AD	DE
题号	37	38	39	40	41	42	43	44	45
答案	CD	ABD	D	AD	A	A	CDE	BCDE	A
题号	46	47	48	49	50	51	52	53	54
答案	B	B	ABCE	C	ABDE	AD	D	B	A
题号	55	56	57	58					
答案	C	C	C	ABCE					

三、2023 考点预测

考点一：路基土方及石方爆破施工

考点二：墩台混凝土及桥梁上部结构施工

第三节 地下工程施工技术

考点一：建筑工程深基坑施工技术

考点二：地下连续墙施工技术

考点三：隧道工程施工技术

考点四：地下工程特殊施工技术

一、经典真题及解析

1. **【2022 年真题】**地下连续墙混凝土顶面应比设计高度超浇（　　）。

A. 0.4m 以内　　B. 0.4m 以上

C. 0.5m 以内　　D. 0.5m 以上

【解析】 参见教材第 289 页。

2.【2022 年真题】隧道工程浅埋暗挖法施工的必要前提是（　　）。

A. 对开挖向前方地层的预加固和预处理

B. 一次注浆多次开挖

C. 环状开挖预留核心土

D. 对施工过程的围岩及结构变化进行动态跟踪

【解析】　参见教材第 297 页。

3.【2022 年真题】沉井下沉达到设计标准封底时，须满足的观测条件是（　　）。

A. 5h 内下沉量小于或等于 8mm　　B. 6h 内下沉量小于或等于 8mm

C. 7h 内下沉量小于或等于 10mm　　D. 8h 内下沉量小于或等于 10mm

【解析】　参见教材第 312 页。

4.【2022 年真题】地下工程长距离顶管施工中，主要技术关键有（　　）。

A. 顶进长度　　B. 顶力问题

C. 方向控制　　D. 顶进设备

E. 制止正面坍塌

【解析】　参见教材第 307 页。

5.【2021 年真题】地下连续墙挖槽时，遇到硬土和孤石时，优先的施工方法为（　　）。

A. 多钻头　　B. 钻抓式　　C. 潜钻孔　　D. 冲击式

【解析】　参见教材第 285 页。

6.【2021 年真题】隧道工程施工中，干式喷射混凝土工作方法的主要特点为（　　）。

A. 设备简单，价格较低，不能进行远距离压送

B. 喷头与喷射作业面距离不小于 2m

C. 施工粉尘多，骨料回弹不严重

D. 喷嘴处的水压必须大于工作风压

【解析】　参见教材第 302 页。

7.【2021 年真题】地下工程采用导向钻进行施工时，适合中等尺寸钻头的岩土层为（　　）。

A. 砾石层　　B. 致密砂层

C. 干燥软黏土　　D. 钙质土层

【解析】　参见教材第 310 页。

8.【2021 年真题】地下工程施工中，气动夯管锤铺管的主要特点有（　　）。

A. 夯管锤对钢管动态夯进，产生强烈的冲击和振动

B. 不适合含卵砾石地层

C. 属于不可控向铺管，精密度低

D. 对地表影响小，不会引起地表隆起或沉降

E. 工作坑要求高，需进行深基坑支护作业

【解析】　参见教材第 309 页。

9. **【2020年真题】** 冻结排桩法施工技术主要适用于（　　）。

A. 基岩比较坚硬、完整的深基坑施工

B. 表土覆盖比较浅的一般基坑施工

C. 地下水丰富的深基坑施工

D. 岩土体自支撑能力较强的浅基坑施工

【解析】 参见教材第281页。

10. **【2019年真题】** 关于深基坑土方开挖采用冻结排桩法支护技术，下列说法正确的是（　　）。

A. 冻结管应置于排桩外侧

B. 卸压孔应置于冻结管和排桩之间

C. 冻结墙的主要作用是支撑土体

D. 排桩的主要作用是隔水

【解析】 参见教材第281页。

11. **【2019年真题】** 关于深基坑土方开挖采用型钢水泥土复合搅拌桩支护技术，下列说法正确的是（　　）。

A. 搅拌水泥土终凝后方可加设横向型钢

B. 型钢的作用是增强搅拌桩的抗剪能力

C. 水泥土作为承受弯矩的主要结构

D. 型钢应加设在水泥土墙的内侧

【解析】 参见教材第280页。

12. **【2018年真题】** 场地大空间大，土质好的深基坑，地下水位低的深基坑，采用的开挖方式为（　　）。

A. 水泥挡墙式

B. 排桩与桩墙式

C. 逆作墙式

D. 放坡开挖式

【解析】 参见教材第276页。

13. **【2018年真题】** 深基坑土方开挖工艺主要分为（　　）。

A. 放坡挖土

B. 导墙式开挖

C. 中心岛式挖土

D. 护壁式开挖

E. 盆式挖土

【解析】 参见教材第276页。

14. **【2013年真题】** 水泥土桩墙式深基坑支护方式不宜用于（　　）。

A. 基坑侧壁安全等级为一级

B. 施工范围内地基承载力小于150kPa

C. 基坑深度小于6m

D. 基坑周围工作面较宽

【解析】 参见教材第278页。

15. **【2013年真题】** 冻结排桩法深基坑支护技术的主要特点有（　　）。

A. 适用于大体积深基坑施工

B. 适用于含水量高的地基基础施工

C. 不宜用于软土地基基础施工

D. 适用于地下水丰富的地基基础施工

E. 适用于工期要求较紧的基础施工

【解析】　参见教材第 281 页。

16. 【**2010 年真题**】土钉支护加固的边坡结构体系包括（　　）。

A. 土钉　　B. 喷射混凝土　　C. 钢筋网

D. 锚索　　E. 钢筋

【解析】　参见教材第 279 页。

17. 【**2017 年真题**】地下连续墙施工作业中，触变泥浆应（　　）。

A. 由现场开挖土拌制而成　　B. 满足墙面平整度要求

C. 满足墙体接头密实度要求　　D. 满足保护孔壁要求

【解析】　参见教材第 283 页。

18. 【**2017 年真题**】地下连续墙开挖，对确定单元槽段长度因素说法正确的有（　　）。

A. 土层不稳定时，应增大槽段长度

B. 附近有较大地面荷载时，可减少槽段长度

C. 防水要求高时可减少槽段长度

D. 混凝土供应充足时可选用较大槽段

E. 现场起重能力强可选用较大槽段

【解析】　参见教材第 285 页。

19. 【**2016 年真题**】关于地下连续墙施工，说法正确的是（　　）。

A. 开挖墙段的目的是为导墙施工提供空间

B. 连续墙表面的平整度取决于模板的质量

C. 确定单元槽段长度主要考虑土层的稳定性和施工机械的性能

D. 对浇灌混凝土的养护要求高

【解析】　参见教材第 284、285 页。

20. 【**2016 年真题**】关于地下连续墙施工，说法正确的有（　　）。

A. 机械化程度高

B. 强度大、挡土效果好

C. 必须放坡开挖、施工土方量大

D. 相邻段接头部位容易出现质量问题

E. 作业现场容易出现污染

【解析】　参见教材第 283 页。

21. 【**2014 年真题**】城市建筑的基础工程，采用地下连续墙施工的主要优点在于（　　）。

A. 开挖基坑的土方外运方便　　B. 墙段之间接头质量易控制，施工方便

C. 施工技术简单，便于管理　　D. 施工振动小，周边干扰小

【解析】　参见教材第 283 页。

22. 【**2014 年真题**】地下连续墙混凝土浇灌应满足以下要求（　　）。

A. 水泥用量不宜小于 400kg/m^3　　B. 导管内径约为粗骨料粒径的 3 倍

C. 混凝土水灰比不应小于 0.6　　D. 混凝土强度等级不高于 C20

【解析】 参见教材第 288 页。

23. **【2011 年真题】**深基础施工中，现浇钢筋混凝土地下连续墙的优点有（　　）。

A. 地下连续墙可作为地下建筑的地下室外墙

B. 施工机械化程度高，且具有多功能用途

C. 开挖基坑的土方量小，对开挖的地层适应性强

D. 墙面光滑，性能稳定，整体性好

E. 施工过程中振动小，周围地基沉降小

【解析】 参见教材第 283 页。

24. **【2008 年真题】**地下连续墙的缺点，主要表现在（　　）。

A. 每段连续墙之间的接头质量较难控制

B. 对开挖的地层适应性差

C. 防渗、承重、截水效果较差

D. 制浆及处理系统占地面积大且易造成污染

E. 施工技术要求高

【解析】 参见教材第 283 页。

25. **【2006 年真题】**现浇地下连续墙具有多功能用途，如（　　）。

A. 承重、防爆

B. 边坡支护

C. 防渗、截水

D. 浅基坑支护

E. 深基坑支护

【解析】 参见教材第 282、283 页。D 选项非教材原话，争议太大，建议不选。

26. **【2004 年真题】**根据不同使用要求和施工条件，地下连续墙的墙体材料可选用(　　)。

A. 砂砾石

B. 黏土

C. 混凝土

D. 钢筋混凝土

E. 混合砂浆

【解析】 参见教材第 282 页。

27. **【2019 年真题】**关于隧道工程采用掘进机施工，下列说法正确的是（　　）。

A. 全断面掘进机的突出优点是可实现一次成型

B. 独臂钻适宜于围岩不稳定的岩层开挖

C. 天井钻开挖是沿着导向孔从上往下钻进

D. 带盾构的掘进机主要用于特别完整岩层的开挖

【解析】 参见教材第 292、293 页。

28. **【2019 年真题】**关于隧道工程喷射混凝土支护，下列说法正确的有（　　）。

A. 拱形断面隧道开挖后先喷墙后喷拱

B. 拱形断面隧道开挖后直墙部分先从墙顶喷至墙脚

C. 湿喷法施工骨料回弹比干喷法大

D. 干喷法比湿喷法施工粉尘少

E. 封拱区应沿轴线由前向后喷射

【解析】 参见教材第 301、302 页。

29. 【2018 年真题】用于隧道钻爆法开挖，效率较高且比较先进的钻孔机械是（　　）。

A. 气腿风钻　　B. 潜孔钻

C. 钻车　　D. 手风钻

【解析】 参见教材第 291 页。

30. 【2018 年真题】用于隧道喷锚支护的锚杆，其安设方向一般应垂直于（　　）。

A. 开挖面　　B. 断层面

C. 裂隙面　　D. 岩层面

【解析】 参见教材第 303 页。

31. 【2017 年真题】地下工程干拌喷射混凝土掺用红星一型速凝剂时，拱部一次喷射厚度应控制在（　　）。

A. 20~30mm　　B. 30~50mm

C. 50~60mm　　D. 70~100mm

【解析】 参见教材第 302 页表 4.3.3。此考点教材有改动。

32. 【2017 年真题】隧道工程施工时，通风方式通常采用（　　）。

A. 钢管压入式通风　　B. PVC 管抽出式通风

C. 塑料布管压入式通风　　D. PR 管抽出式通风

【解析】 参见教材第 292 页。

33. 【2017 年真题】地下工程喷射混凝土施工时，正确的工艺要求有（　　）。

A. 喷射作业区段宽以 1.5~2.0m 为宜

B. 喷射顺序应先喷墙后喷拱

C. 喷管风压随水平输送距离大而提高

D. 工作风压通常应比水压大

E. 为减少浆液浪费一次喷射厚度不宜太厚

【解析】 参见教材第 301、302 页。B 选项仅说先喷墙后喷拱，教材原文是先墙后拱，自下而上，两者不可分说，建议不选。

34. 【2016 年真题】地下工程钻爆法施工常用压入式通风，正确的说法是（　　）。

A. 在工作面采用空气压缩机排风

B. 在洞口采用油风机将风流吸出

C. 通过刚性风管用负压的方式将风流吸出

D. 通过柔性风管将新鲜空气送达工作面

【解析】 参见教材第 292 页。

35. 【2016 年真题】关于喷射混凝土施工，说法正确的是（　　）。

A. 一次喷射厚度太薄，骨料易产生较大的回弹

B. 工作风压大于水压有利于喷层附着

C. 喷头与工作面距离越短越好

D. 喷射混凝土所用骨料含水率越低越好

【解析】 参见教材第 302 页。

36. 【2016 年真题】关于隧道工程喷射混凝土施工，说法正确的有（　　）。

A. 喷射作业混凝土利用率高

B. 喷射作业区段宽度一般以 1.5~2.0m 为宜

C. 喷射顺序应先墙后拱

D. 喷射作业风压应随风管长度增加而增加

E. 为了确保喷射效果风压通常应大于水压

【解析】 参见教材第 302 页。

37. 【2015 年真题】对地下工程喷射混凝土施工说法正确的是（　　）。

A. 喷嘴处水压应比工作风压大

B. 工作风压随送风距离增加而调低

C. 骨料回弹率与一次喷射厚度成正比

D. 喷嘴与作业面之间的距离越小，回弹率越低

【解析】 参见教材第 302 页。

38. 【2015 年真题】以下关于早强水泥砂浆锚杆施工说法正确的是（　　）。

A. 快硬水泥卷在使用前需用清水浸泡

B. 早强药包使用时严禁与水接触或受潮

C. 早强药包的主要作用为封堵孔口

D. 快硬水泥卷的直径应比钻孔直径大 20mm 左右

E. 快硬水泥卷的长度与锚固长度相关

【解析】 参见教材第 304 页。

39. 【2014 年真题】隧道工程喷射混凝土施工，说法正确的是（　　）。

A. 工作风压应随输送管距增加而降低

B. 喷嘴与作业面的距离应小于 0.5m

C. 喷嘴水压通常应比工作风压大

D. 喷射混凝土骨料含水率应大于 8%

【解析】 参见教材第 302 页。

40. 【2013 年真题】适用深埋于岩体的长隧洞施工的方法是（　　）。

A. 顶管法　　B. TBM 法

C. 盾构法　　D. 明挖法

【解析】 参见教材第 292 页。

41. 【2013 年真题】地下工程的早强水泥砂浆锚杆用树脂药包的，正常温度下需要搅拌的时间为（　　）。

A. 30s　　　　B. 45~60s

C. 3min　　　　D. 5min

【解析】 参见教材第 304 页。

42. 【2012 年真题】下列设备中，专门用来开挖竖井或斜井的大型钻具是（　　）。

A. 全断面掘进机　　　　B. 独臂钻机

C. 天井钻机　　　　D. TBM 设备

【解析】 参见教材第 292 页。

43. 【2011 年真题】采用盾构施工技术修建地下隧道时，选择盾构施工法应首先考虑（　　）。

A. 路线附近的重要构筑物　　　　B. 覆盖土的厚度

C. 掘进距离和施工工期　　　　D. 盾构机种和辅助工法

【解析】 参见教材第 294 页。

44. 【2010 年真题】采用全断面掘进机进行岩石地下工程施工的说法，正确的是(　　)。

A. 对通风要求较高，适宜打短洞

B. 开挖洞壁比较光滑

C. 对围岩破坏较大，不利于围岩稳定

D. 超挖大，混凝土衬砌材料用量大

【解析】 参见教材第 292 页。

45. 【2008 年真题】岩层中的地下工程，开挖方式应采用（　　）。

A. 钻爆法　　　　B. 地下连续墙法

C. 盾构法　　　　D. 沉管法

【解析】 参见教材第 291 页。

46. 【2007 年真题】在稳定性差的破碎岩层挖一条长度为 500m、直径 6.00m 的隧道，在不允许钻爆法施工的情况下。应优先考虑采用（　　）。

A. 全断面掘进机开挖　　　　B. 独臂钻开挖

C. 天井钻开挖　　　　D. 带盾构的掘进机开挖

【解析】 参见教材第 293 页。

47. 【2005 年真题】地下土层采用盾构机暗挖隧道时，盾构机的推进机系统一般包括（　　）。

A. 旋流器　　　　B. 千斤顶

C. 电动机　　　　D. 液压设备

E. 螺旋输送机

【解析】 参见教材第 293 页。

48. 【2015 年真题】采用沉井法施工，当沉井中心线与设计中心线不重合时，通常采用以下方法纠偏（　　）。

A. 通过起重机械吊挂调试　　B. 在沉井内注水调试

C. 通过中心线一侧挖土调整　　D. 在沉井外侧卸土调整

【解析】 参见教材第313页。

49. 【2013年真题】沉井的排水挖土下沉法适用于（　　）。

A. 透水性较好的土层

B. 涌水量较大的土层

C. 排水时不至于产生流沙的土层

D. 地下水较丰富的土层

【解析】 参见教材第312页。

50. 【2009年真题】采用长距离地下顶管技术施工时，通常在管道中设置中继环，其主要作用是（　　）。

A. 控制方向　　B. 增加气压

C. 控制坍方　　D. 克服摩阻力

【解析】 参见教材第307页。

51. 【2007年真题】地下长距离顶管工程施工需解决的关键技术问题是（　　）。

A. 顶力施加技术　　B. 方向控制技术

C. 泥浆排放　　D. 控制正面坍方技术

E. 工期要求

【解析】 参见教材第307页。

52. 【2006年真题】地下管线工程施工中，常用的造价较低、进度较快、非开挖的施工技术有（　　）。

A. 气压室法　　B. 冻结法

C. 长距离顶管法　　D. 气动夯锤铺管法

E. 导向钻进法

【解析】 参见教材第306~309页。

二、参考答案

题号	1	2	3	4	5	6	7	8	9
答案	D	A	D	BCE	D	D	C	AD	C
题号	10	11	12	13	14	15	16	17	18
答案	A	B	D	ACE	A	ABD	ABC	D	BDE
题号	19	20	21	22	23	24	25	26	27
答案	C	ABDE	D	A	ABCE	ADE	ACE	BCD	A
题号	28	29	30	31	32	33	34	35	36
答案	AE	C	D	C	C	AC	D	A	BCD

（续）

题号	37	38	39	40	41	42	43	44	45
答案	A	AE	C	B	A	C	D	B	A
题号	46	47	48	49	50	51	52		
答案	D	BD	C	C	D	ABD	CDE		

三、2023考点预测

考点一：深基坑支护形式的适用范围

考点二：地下连续墙的混凝土浇筑

考点三：锚杆施工

考点四：特殊施工技术的适用范围

第五章　工程计量

第一节　工程计量的基本原理与方法

考点一：工程计量的有关概念
考点二：工程量计算的依据
考点三：工程量计算规范和消耗量定额
考点四：平法标准图集
考点五：工程量计算的方法

一、经典真题及解析

1. **【2022 年真题】**异型柱的项目特征可不描述的是（　　）。

A. 编号　　B. 形状

C. 混凝土等级　　D. 混凝土类别

【解析】 参见教材第 316 页。

2. **【2022 年真题】**关于消耗量定额与工程量计算规范，下列说法正确的是（　　）。

A. 消耗量定额的划分和工程量计算规范中分部工程的划分基本一致

B. 消耗量定额的项目编码与工程量计算规范项目编码基本一致

C. 工程量计算规范中考虑了施工方法

D. 消耗量定额体现了“综合实体”

【解析】 参见教材第 319 页。

3. **【2022 年真题】**根据平法图对柱标注规定，平面标注 QZ 表示（　　）。

A. 墙柱　　B. 芯柱

C. 剪力墙暗柱　　D. 剪力墙上柱

【解析】 参见教材第 321 页。

4. **【2022 年真题】**以下关于梁钢筋平法的说法正确的是（　　）。

A. KL(5)300×700Y300×40，Y 代表水平加腋

B. 梁侧面钢筋 G4C12 代表两侧各为 2C12 的纵向构造钢筋

C. 梁上部钢筋与架立筋规格相同时可合并标注

D. 板支座原位标注包含板上部贯通筋

【解析】 参见教材第 321、325 页。

5. **【2022 年真题】** 钢筋混凝土楼板面，其集中标注为：LB5，h=100，X⏀10/12@100，Y⏀10@110，下列说法正确的是（　　）。

A. LB5 表示该楼层有 5 块相同的板

B. X⏀10/12@100 表示 X 方向上部为⏀10 钢筋，下部为⏀12 钢筋，间距 100mm

C. Y⏀10@110 表示下部 Y 向是通纵向钢筋为⏀10，间距 110mm

D. 当轴网向心布置时，径向为 Y 向

E. 当轴网正交布置时，从下向上为 Y 向

【解析】 参见教材第 325 页。

6. **【2021 年真题】** 工程量清单编制过程中，砌筑工程中砖基础的编制，特征描述包括（　　）。

A. 砂浆制作　　　　B. 防潮层铺贴

C. 基础类型　　　　D. 运输方式

【解析】 参见教材第 318 页。

7. **【2021 年真题】** 下面关于剪力墙平法施工图 YD5、1000、+1.800、6⏀20、ϕ8@150、2⏀16，下面说法正确的是（　　）。

A. YD5、1000 表示 5 号圆形洞口，半径 1000mm

B. +1.800 表示洞口中心距上层结构层下表面距离 1800mm

C. ϕ8@150 表示加强暗梁的箍筋

D. 6⏀20 表示洞口环形加强钢筋

【解析】 参见教材第 331 页。

8. **【2021 年真题】** 关于统筹图计算工程量，下列说法正确的是（　　）。

A. “三线”是指建筑物外墙中心线、外墙净长线和内墙中心线

B. “一面”是指建筑物建筑面积

C. 统筹图中的主要程序线是指在分部分项项目上连续计算的线

D. 计算分项工程量是在“线”“面”基数上计算的

【解析】 参见教材第 335 页。

9. **【2021 年真题】** 关于工程量计算规范和消耗量定额的描述，下列说法正确的有（　　）。

A. 消耗量定额一般是按施工工序划分项目的，体现功能单元

B. 工程量计算规范一般按“综合实体”划分清单项目，工作内容相对单一

C. 工程量计算规范规定的工程量主要是图纸（不含变更）的净量

D. 消耗量定额项目计量考虑了施工现场实际情况

E. 消耗量定额与工程量计算规范中的工程量基本计算方法一致

【解析】 参见教材第 319 页。

10. **【2020 年真题】** 工程计量单位正确的是（　　）。

A. 换土垫层以“m^2”为计量单位　　　　B. 砌块墙以“m^2”为计量单位

C. 混凝土以“m³”为计量单位　　D. 墙面抹灰以“m³”为计量单位

【解析】 参见教材第366、376、378、414页。

11. 【2020年真题】有梁楼盖平法施工图中标注的XB2 $h=120/80$；B：Xc8@150；Yc8@200；T：X8@150理解正确的是（　　）。

A. XB2表示“2块楼面板”

B. “B：Xc 8@150”表示“板下部配X向构造筋中8@150”

C. “Yc8@200”表示“板上部配构造筋中8@200”

D. “Xc8@150”表示“竖向和X向配贯通纵筋8@150”

【解析】 参见教材第324、325页。

12. 【2020年真题】工程量清单要素中的项目特征，其主要作用体现在（　　）。

A. 提供确定综合单价的依据　　B. 描述特有属性

C. 明确质量要求　　D. 明确安全要求

E. 确定措施项目

【解析】 参见教材第316页。

13. 【2019年真题】下列内容中，不属于工程量清单项目工程量计算依据的是（　　）。

A. 经审定的施工图纸及设计说明

B. 工程项目管理实施规划

C. 招标文件的商务条款

D. 工程量计算规则

【解析】 参见教材第315页。

14. 【2019年真题】工程量清单特征描述主要说明（　　）。

A. 措施项目的质量安全要求

B. 确定综合单价需考虑的问题

C. 清单项目的计算规则

D. 分部分项项目和措施项目的区别

【解析】 参见教材第316页。

15. 【2019年真题】工程量计算规范中“工作内容”的作用有（　　）。

A. 给出了具体施工作业内容

B. 体现了施工作业和操作程序

C. 是进行清单项目组价基础

D. 可以按工作内容计算工程成本

E. 反映了清单项目的质量和安全要求

【解析】 参见教材第317页。

16. 【2018年真题】在同一合同段的工程量清单中多个单位工程中具有相同项目特征的项目编码和计量单位时（　　）。

A. 项目编码不一致，计量单位不一致

B. 项目编码一致，计量单位一致

C. 项目编码不一致，计量单位一致

D. 项目编码一致，计量单位不一致

【解析】 参见教材第 316、317 页。

17. **【2018 年真题】**工程量清单中关于项目特征描述的重要意义在于（　　）。

A. 项目特征是区分具体清单项目的依据

B. 项目特征是确定计量单位的重要依据

C. 项目特征是确定综合单价的前提

D. 项目特征是履行合同义务的基础

E. 项目特征是确定工程量计算规则的关键

【解析】 参见教材第 316 页。

18. **【2016 年真题】**《建设工程工程量清单计价规范》（GB 50500—2013），关于项目特征，说法正确的是（　　）。

A. 项目特征是编制工程量清单的基础

B. 项目特征是确定工程内容的核心

C. 项目特征是项目自身价值的本质特征

D. 项目特征工程结算的关键依据

【解析】 参见教材第 316 页。

19. **【2016 年真题】**根据《房屋建筑与装饰工程工程量计算规范》（GB 50854—2013）规定，以下说法正确的是（　　）。

A. 分部分项工程量清单与定额所采用的计量单位相同

B. 同一建设项目的多个单位工程的相同项目可采用不同的计量单位分别计量

C. 以“m”“m^2”“m^3”等为单位的应按四舍五入的原则取整

D. 项目特征反映了分部分项和措施项目自身价值的本质特征

【解析】 参见教材第 317 页。

20. **【2013 年真题】**建设工程工程量清单中工作内容描述的主要作用是（　　）。

A. 反映清单项目的工艺流程

B. 反映清单项目需要的作业

C. 反映清单项目的质量标准

D. 反映清单项目的资源需求

【解析】 参见教材第 317 页。

21. **【2013 年真题】**根据《房屋建筑与装饰工程工程量计算规范》（GB 50854—2013），编制工程量清单补充项目时，编制人应报备案的单位是（　　）。

A. 企业技术管理部门

B. 工程所在地造价管理部门

C. 省级或行业工程造价管理机构

D. 住房和城乡建设部标准定额研究所

【解析】 参见教材第 318 页。

22. **【2012 年真题】**下列计量单位中，既适合工程量清单项目又适合基础定额项目的是（　　）。

A. 100m　　B. 基本物理计量单位

C. $100m^3$　　D. 自然计量单位

【解析】 参见教材第 317 页。

23. **【2010 年真题】**在建设工程工程量清单中，分部分项工程量的计算规则大多是（　　）。

A. 按不同施工方法和实际用量计算

B. 按不同施工数量和加工余量之和计算

C. 按工程实体总量净量和加工余量之和计算

D. 按工程实体尺寸的净量计算

【解析】 参见教材第 317 页。

24. **【2008 年真题】**关于工程量清单与基础定额的项目工程量计算和划分，说法错误的是（　　）。

A. 工程量清单项目工程量按工程实体尺寸的净值计算，与施工方案无关

B. 二者均采用基本的物理计量单位或自然计量单位

C. 二者项目划分依据不同，项目综合内容也不一致

D. 基础定额项目工程量计算包含了为满足施工要求而增加的加工余量

【解析】 参见教材第 317 页。

25. **【2007 年真题】**《建设工程工程量清单计价规范》中，所列的分部分项清单项目的工程量主要是指（　　）。

A. 设计图示尺寸工程量　　B. 施工消耗工程量

C. 不包括损耗的施工净量　　D. 考虑合理损耗的施工工量

【解析】 参见教材第 317 页。

26. **【2007 年真题】**关于《建设工程工程量清单计价规范》的规则。正确的说法是（　　）。

A. 单位工程计算可以按计价规范清单列项顺序进行

B. 工程量计量单位可以采用扩大的物理计量单位

C. 工程量应包括加工余量和合理损耗量

D. 工程量计算对象是施工过程的全部项目

【解析】 参见教材第 317 页。D 选项考点教材已删除。

27. **【2006 年真题】**按照工程量计算规则，工程量清单通常采用的工程量计量单位是（　　）。

A. 100m　　B. $100m^3$

C. $10m^3$　　D. m^3

【解析】　参见教材第 317 页。

28. 【2005 年真题】工程量清单中的分部分项工程量应按（　　）。

A. 企业定额规定的工程量计算规则计算

B. 设计图纸标注的尺寸计算

C. 通常公认的计算规则计算

D. 国家规范规定的工程量计算规则计算

【解析】　参见教材第 317 页。

29. 【2019 年真题】对独立柱基础底板配筋平法标注图中的“T：7⏀18@100/⏀10@200”理解正确的是（　　）。

A. “T”表示底板底部配筋

B. “7⏀18@100”表示 7 根 HRB335 级钢筋，间距 100mm

C. “⏀10@200”表示直径为 10mm 的 HRB335 级钢筋，间距 200mm

D. “7⏀18@100”表示 7 根受力筋的配置情况

【解析】　参见教材第 325、326 页。

30. 【2018 年真题】在我国现行的 16G101 系列平法图纸中，楼层框架梁的标注代号为（　　）。

A. WKL　　　　B. KL

C. KBL　　　　D. KZL

【解析】　参见教材第 322 页。

31. 【2017 年真题】《国家建筑标准设计图集》（16G101）混凝土结构施工平面图平面整体表示方法的优点在于（　　）。

A. 适用于所有地区现浇混凝土结构施工图设计

B. 用图集表示了大量的标准结构详图

C. 适当增加图纸数量，表达更为详细

D. 识图简单一目了然

【解析】　参见教材第 320、321 页。

32. 【2017 年真题】《国家建筑标准设计图集》（16G101）平法施工图中，剪力墙上柱的标注代号为（　　）。

A. JLQZ　　　　B. JLQSZ

C. LZ　　　　D. QZ

【解析】　参见教材第 321 页。

33. 【2017 年真题】在《国家建筑标准设计图集》（16G101）梁平法施工图中，KL9（6A）表示的含义（　　）。

A. 9 跨屋面框架梁，间距为 6m，等截面梁

B. 9 跨框支梁，间距为 6m，主梁

C. 9 号楼层框架梁，6 跨，一端悬挑

D. 9 号框架梁，6 跨，两端悬挑

【解析】 参见教材第 322、323 页。

34. 【2017 年真题】根据《国家建筑标准设计图集》（16G101）平法施工图注写方式，含义正确的有（　　）。

A. LZ 表示梁上柱

B. 梁 300×700Y400×300 表示梁规格为 300×700，水平加腋梁，腋长、腋宽分别为 400、300

C. XL300×600/400 表示根部和端部不同高的悬挑梁

D. ϕ10@120(4)/150(2) 表示 ϕ10mm 的钢筋加密区间距 120、4 肢箍，非加密区间距 150、2 肢箍

E. KL3(2A)400×600 表示 3 号楼层框架梁，2 跨，一端悬挑

【解析】 参见教材第 321~323 页。

35. 【2018 年真题】BIM 技术对工程造价管理的主要作用在于（　　）。

A. 工程量清单项目划分

B. 工程量计算更准确、高效

C. 综合单价构成更合理

D. 措施项目计算更可行

【解析】 参见教材第 336 页。

36. 【2012 年真题】关于计算工程量程序统筹图的说法，正确的是（　　）。

A. 与“三线一面”有共性关系的分部分项工程量用“册”或图示尺寸计算

B. 统筹图主要由主次程序线、基数、分部分项工程量计算式及计算单位组成

C. 主要程序线是指分部分项项目上连续计算的线

D. 次要程序线是指在“线”“面”基数上连续计算项目的线

【解析】 参见教材第 334、335 页。

37. 【2011 年真题】统筹法计算工程量常用的“三线一面”中的“一面”是指（　　）。

A. 建筑物标准层建筑面积　　B. 建筑物地下室建筑面积

C. 建筑物底层建筑面积　　D. 建筑物转换层建筑面积

【解析】 参见教材第 334 页。

38. 【2010 年真题】统筹法计算分部分项工程量，正确的步骤是（　　）。

A. 基础—底层地面—顶棚—内外墙—屋面

B. 底层地面—基础—顶棚—屋面—内外墙

C. 基础—内外墙—底层地面—顶棚—屋面

D. 底层地面—基础—顶棚—内外墙—屋面

【解析】 参见教材第 335 页图 5. 1. 18。

39. 【2009 年真题】计算单位工程工程量时，强调按照既定的顺序进行。其目的是（　　）。

A. 便于制定材料采购计划

B. 便于有序安排施工进度
C. 避免因人而异，口径不同
D. 防止计算错误
【解析】 参见教材第 333 页。
40.【2006 年真题】利用统筹法进行工程量计算，下列说法中错误的是（ ）。
A. 应用工程量计算软件通常要预先设置工程量计算规则
B. 预制构件、钢门窗、木构件等工程量不能利用“线”和“面”基数计算
C. 工程量计算应先主后次，只与基数有关而与其他项目无关的可不分主次
D. 统筹图由主次程序线等构成，主要程序线是指分部分项项目上连续计算的线
【解析】 参见教材第 334、335 页。

二、参考答案

题号	1	2	3	4	5	6	7	8	9
答案	A	B	D	B	CDE	C	C	D	DE
题号	10	11	12	13	14	15	16	17	18
答案	C	B	ABC	A	B	ABC	C	ACD	C
题号	19	20	21	22	23	24	25	26	27
答案	D	B	C	D	D	B	A	A	D
题号	28	29	30	31	32	33	34	35	36
答案	D	D	B	B	D	C	ACD	B	B
题号	37	38	39	40					
答案	C	C	D	D					

三、2023 考点预测

考点一：工程量计算的依据
考点二：清单和定额的联系与区别
考点三：平法注解方式

第二节 建筑面积计算

考点一：建筑面积的概念
考点二：建筑面积的作用
考点三：建筑面积计算规则与方法

一、经典真题及解析

1. 【2022年真题】根据《建筑工程建筑面积计算规范》（GB/T 50353—2013），建筑面积应按自然层外墙结构外围水平面积之和计算，应计算全面积的层高是（　　）。

A. 2.20m以上　　B. 2.20m及以上

C. 2.10m以上　　D. 2.10m及以上

【解析】 参见教材第338页。

2. 【2022年真题】根据《建筑工程建筑面积计算规范》（GB/T 50353—2013），地下室与半地下室建筑面积，下列说法正确的是（　　）。

A. 结构净高在2.1m以上的计算全面积

B. 室内地坪与室外地坪之差的高度超过室内净高1/2为地下室

C. 外墙为变截面的，按照外墙上口外围计算全面积

D. 地下室外墙结构应包括保护墙

【解析】 参见教材第341页。

3. 【2022年真题】根据《建筑工程建筑面积计算规范》（GB/T 50353—2013），下列应计算全面积的是（　　）。

A. 有顶盖无维护设施的架空走廊

B. 有维护设施的檐廊

C. 结构净高为2.15m有顶盖的采光井

D. 依附于自然层的室外楼梯

【解析】 参见教材第345、348、351页。

4. 【2022年真题】某住宅楼建筑图如图所示，根据《建筑工程建筑面积计算规范》（GB/T 50353—2013），阳台建筑面积计算正确的是（　　）。

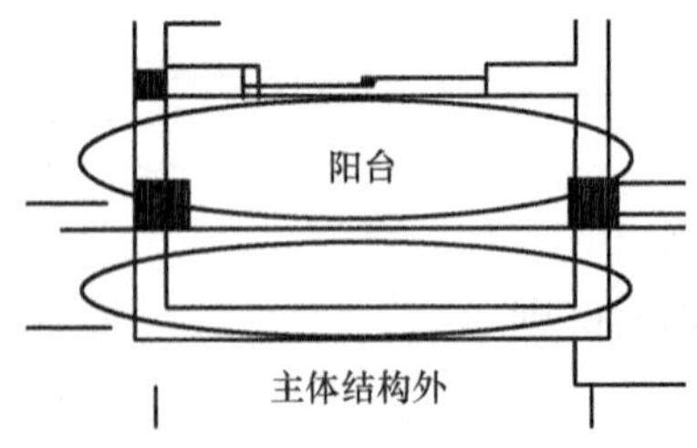

A. 全面积

B. 计算1/2面积

C. 按结构柱中心线为界分别计算

D. 按结构柱外边线为界分别计算

【解析】 参见教材第353、354页。

5. 【2022年真题】根据《建筑工程建筑面积计算规范》（GB/T 50353—2013），以下项

目应计算建筑面积的是（　　）。

A. 主体结构外的阳台　　B. 结构层高为 1.8m 的设备层

C. 屋顶有围护结构的水箱间　　D. 挑出宽度 2.0m 有柱雨篷

E. 建筑物以外的地下人防通道

【解析】 参见教材第 350、353、357~360 页。

6. **【2021 年真题】** 关于建筑面积，以下说法正确的是（　　）。

A. 住宅建筑有效面积为使用面积和辅助面积之和

B. 住宅建筑的使用面积包含卫生间面积

C. 建筑面积为有效积、辅助面积、结构面积之和

D. 结构面积包含抹灰厚度所占面积

【解析】 参见教材第 336 页。

7. **【2012 年真题】** 在建筑面积计算中，有效面积包括（　　）。

A. 使用面积和结构面积　　B. 居住面积和结构面积

C. 使用面积和辅助面积　　D. 居住面积和辅助面积

【解析】 参见教材第 336、337 页。

8. **【2009 年真题】** 下列内容中，属于建筑面积中的辅助面积的是（　　）。

A. 阳台面积　　B. 墙体所占面积

C. 柱所占面积　　D. 会议室所占面积

【解析】 参见教材第 336、337 页。

9. **【2004 年真题】** 关于建筑面积、使用面积、辅助面积、结构面积、有效面积的相互关系，正确的表达式是（　　）。

A. 有效面积=建筑面积-结构面积　　B. 使用面积=有效面积+结构面积

C. 建筑面积=使用面积+辅助面积　　D. 辅助面积=使用面积-结构面积

【解析】 参见教材第 336、337 页。

10. **【2021 年真题】** 根据《建筑工程建筑面积计算规范》(GB/T 50353—2013)，室外走廊建筑面积说法正确的有（　　）。

A. 无围护设施的，按其结构底板水平投影面积 1/2 计算

B. 有围护设施的，按其围护设施外围水平面积计算全面积

C. 有围护设施的，按其围护设施外围水平面积 1/2 计算

D. 无围护设施的，不计算建筑面积

【解析】 参见教材第 348 页。

11. **【2021 年真题】** 根据《建筑工程建筑面积计算规范》(GB/T 50353—2013)，下列建筑物建筑面积计算方法正确的是（　　）。

A. 设在建筑物顶部，结构层高为 2.15m 的水箱间应计算全面积

B. 室外楼梯应并入所依附建筑物自然层，按其水平投影面积计算全面积

C. 建筑物内部通风排气竖井并入建筑物的自然层计算建筑面积

D. 没有形成井道的室内楼梯并入建筑物的自然层计算 1/2 面积

【解析】 参见教材第 351 页。

12. 【2021 年真题】根据《建筑工程建筑面积计算规范》（GB/T 50353—2013），以下建筑部件建筑面积计算方法正确的是（　　）。

A. 设置在屋面上有维护设施的平台

B. 结构层高 2.1m 附属在建筑物的落地橱窗

C. 场馆看台下结构净高 1.3m 部位

D. 挑出宽度为 2m 的有柱雨篷

【解析】 参见教材第 336 页。

13. 【2021 年真题】根据《房屋建筑与装饰工程工程量计算规范》（GB 50854—2013）建筑物的计算规则，正确的有（　　）。

A. 当室内公共楼梯间两侧自然层不同时，楼梯间以楼层多的层数计算

B. 在剪力墙包围之内的阳台，按其结构底板水平投影面积计算全面积

C. 建筑物的外墙保温层，按其空铺保温材料垂直投影的面积计算

D. 当高低跨的建筑物局部相通时，其变形缝的面积计算在低跨面积内

E. 有顶盖无围护结构的货棚，按其顶盖水平投影面积的 1/2 计算

【解析】 参见教材第 351~356 页。

14. 【2020 年真题】根据《建筑工程建筑面积计算规范》（GB/T 50353—2013），建筑面积有围护结构的以围护结构外围计算，其围护结构包括围合建筑空间的（　　）。

A. 栏杆　　B. 栏板

C. 门窗　　D. 勒脚

【解析】 参见教材第 339 页。

15. 【2020 年真题】根据《建筑工程建筑面积计算规范》（GB/T 50353—2013），建筑物出入口坡道外侧设计有外挑宽度为 2.2m 的钢筋混凝土顶盖，坡道两侧外墙外边线间距为 4.4m，则该部位建筑面积（　　）。

A. 为 4.84m^2　　B. 为 9.24m^2

C. 为 9.68m^2　　D. 不予计算

【解析】 参见教材第 341、342 页。

16. 【2020 年真题】根据《建筑工程建筑面积计算规范》（GB/T 50353—2013），建筑物雨篷部位建筑面积计算正确的为（　　）。

A. 有柱雨篷按柱外围面积计算

B. 无雨篷不计算

C. 有柱雨篷按结构板水平投影面积计算

D. 外挑宽度为 1.8m 的无柱雨篷不计算

【解析】 参见教材第 349 页。

17. 【2020 年真题】根据《建筑工程建筑面积计算规范》（GB/T 50353—2013），围护

结构不垂直于水平面的楼板，其建筑面积计算正确的为（　　）。

A. 按围护底板面积的 1/2 计算

B. 结构净高大于等于 2.10m 的部位计算全面积

C. 结构净高大于等于 1.20m 部位计算 1/2 面积

D. 结构净高小于 2.10m 部位不计算面积

【解析】 参见教材第 339 页。

18. **【2020 年真题】** 根据《建筑工程建筑面积计算规范》（GB/T 50353—2013），建筑物室外楼梯建筑面积计算正确的为（　　）。

A. 并入建筑物自然层，按其水平投影面积计算

B. 无顶盖的不计算

C. 结构净高<2.10m 的不计算

D. 下部建筑空间加以利用的不重复计算

【解析】 参见教材第 351 页。

19. **【2020 年真题】** 根据《建筑工程建筑面积计算规范》（GB/T 50353—2013），建筑物与室内联通变形缝建筑面积计算正确的为（　　）。

A. 不计算　　B. 按自然层计算

C. 不论层高只按底层计算　　D. 按变形缝设计尺寸的 1/2 计算

【解析】 参见教材第 356 页。

20. **【2020 年真题】** 根据《建筑工程建筑面积计算规范》（GB/T 50353—2013），不计算建筑面积的为（　　）。

A. 厚度为 200mm 的勒脚　　B. 规格为 400mm×400mm 的附墙装饰柱

C. 挑出宽度为 2.19m 的雨篷　　D. 顶盖高度超过 2 个楼层的无柱雨篷

E. 突出外墙 200mm 装饰性幕墙

【解析】 参见教材第 358~360 页。

21. **【2019 年真题】** 根据《建筑工程建筑面积计算规范》（GB/T 50353—2013），按相应计算规则算 1/2 面积是（　　）。

A. 建筑物间有围护结构、有顶盖的架空走廊

B. 有围护结构、有围护设施，但无结构层的立体车库

C. 有围护设施，顶高 5.2m 的室外走廊

D. 结构层高 3.10m 的门斗

【解析】 参见教材第 345、348、349 页。

22. **【2019 年真题】** 根据《建筑工程建筑面积计算规范》（GB/T 50353—2013），幕墙建筑物的建筑面积计算正确的是（　　）。

A. 以幕墙立面投影面积计算

B. 以主体结构外边线面积计算

C. 作为外墙的幕墙按围护外边线计算

D. 起装饰作用的幕墙按幕墙横断面的1/2计算

【解析】 参见教材第354页。

23. 【2019年真题】根据《建筑工程建筑面积计算规范》（GB/T 50353—2013），外挑宽度为1.8m的有柱雨篷建筑面积应（　　）。

A. 按柱外边线构成的水平投影面积计算

B. 不计算

C. 按结构板水平投影面积计算

D. 按结构板水平投影面积的1/2计算

【解析】 参见教材第349页。

24. 【2019年真题】根据《建筑工程建筑面积计算规范》（GB/T 50353—2013），室外楼梯建筑面积计算正确的是（　　）。

A. 无顶盖、有围护结构的按其水平投影面积的1/2计算

B. 有顶盖、有围护结构的按其水平投影面积计算

C. 层数按建筑物的自然层计算

D. 无论有无顶盖和围护结构均不计算

【解析】 参见教材第351页。

25. 【2019年真题】根据《房屋建筑与装饰工程工程量计算规范》（GB 50854—2013），不计算建筑面积的有（　　）。

A. 结构层高2.0m的管道层

B. 层高为3.3m的建筑物通道

C. 有顶盖但无围护结构的车棚

D. 建筑物顶部有围护结构，层高2.0m的水箱间

E. 有围护结构的专用消防钢楼梯

【解析】 参见教材第358~360页。

26. 【2018年真题】根据《建筑工程建筑面积计算规范》（GB/T 50353—2013），高度为2.1m的立体书库结构层，其建筑面积（　　）。

A. 不予计算

B. 按1/2面积计算

C. 按全面积计算

D. 只计算一层面积

【解析】 参见教材第345页。

27. 【2018年真题】根据《建筑工程建筑面积计算规范》（GB/T 50353—2013），有顶盖无围护结构的场馆看台部分（　　）。

A. 不予计算

B. 按其结构底板水平投影面积计算

C. 按其顶盖的水平投影面积1/2计算

D. 按其顶盖水平投影面积计算

【解析】 参见教材第341页。

28. **【2018 年真题】**根据《建筑工程建筑面积计算规范》(GB/T 50353—2013)，主体结构内的阳台，其建筑面积应（　　）。

A. 按其结构外围水平面积 1/2 计算

B. 按其结构外围水平面积计算

C. 按其结构地板水平面积 1/2 计算

D. 按其结构底板水平面积计算

【解析】 参见教材第 353 页。

29. **【2018 年真题】**根据《建筑工程建筑面积计算规范》(GB/T 50353—2013)，有顶盖无围护结构的货棚其建筑面积应（　　）。

A. 按其顶盖水平投影面积的 1/2 计算

B. 按其顶盖水平投影面积计算

C. 按柱外围水平面积的 1/2 计算

D. 按柱外围水平面积计算

【解析】 参见教材第 353 页。

30. **【2018 年真题】**根据《房屋建筑与装饰工程工程量计算规范》(GB 50854—2013)，不计算建筑面积的有（　　）。

A. 结构层高为 2.10m 的门斗

B. 建筑物内的大型上料平台

C. 无围护结构的观光电梯

D. 有围护结构的舞台灯光控制室

E. 过街楼底层的开放公共空间

【解析】 参见教材第 358~360 页。

31. **【2017 年真题】**《建筑工程建筑面积计算规范》(GB/T 50353—2013)，形成建筑空间，结构净高 2.18m 部位的坡屋顶，其建筑面积（　　）。

A. 不予计算

B. 按 1/2 面积计算

C. 按全面积计算

D. 视使用性质确定

【解析】 参见教材第 340 页。

32. **【2017 年真题】**根据《建筑工程建筑面积计算规范》(GB/T 50353—2013)，建筑物间有两侧护栏的架空走廊，其建筑面积（　　）。

A. 按护栏外围水平面积的 1/2 计算

B. 按结构底板水平投影面积的 1/2 计算

C. 按护栏外围水平面积计算全面积

D. 按结构底板水平投影面积计算全面积

【解析】 参见教材第 345 页。

33. **【2017 年真题】**根据《建筑工程建筑面积计算规范》(GB/T 50353—2013)，围护结构不垂直于水平面结构净高 2.15m 楼层部位，其建成面积应（　　）。

A. 按顶板水平投影面积的 1/2 计算

B. 按顶板水平投影面积计算全面积

C. 按底板外墙外围水平面积的 1/2 计算

D. 按底板外墙外围水平面积计算全面积

【解析】 参见教材第350、351页。

34.【2017年真题】根据《建筑工程建筑面积计算规范》（GB/T 50353—2013），建筑物室外楼梯，其建筑面积（　　）。

A. 按水平投影面积计算全面积

B. 按结构外围面积计算全面积

C. 依附于自然层按水平投影面积的1/2计算

D. 依附于自然层按结构外层面积的1/2计算

【解析】 参见教材第351页。

35.【2017年真题】根据《建筑工程建筑面积计算规范》（GB/T 50353—2013），不计算建筑面积的有（　　）。

A. 建筑物首层地面有围护设施的露台

B. 兼顾消防与建筑物相通的室外钢楼梯

C. 与建筑物相连的室外台阶

D. 与室内相通的变形缝

E. 形成建筑空间，结构净高1.50m的坡屋顶

【解析】 参见教材第358~360页。

36.【2016年真题】根据《建筑工程建筑面积计算规范》（GB/T 50353—2013），关于建筑面积计算说法正确的是（　　）。

A. 以幕墙作为围护结构的建筑物按幕墙外边线计算建筑面积

B. 高低跨内相连通时变形缝计入高跨面积内

C. 多层建筑首层按照勒脚外围水平面积计算

D. 建筑物变形缝所占面积按自然层扣除

【解析】 参见教材第354、356页。

37.【2016年真题】根据《建筑工程建筑面积计算规范》（GB/T 50353—2013），关于大型体育场看台下部设计利用部位建筑面积计算，说法正确的是（　　）。

A. 层高<2.10m，不计算建筑面积

B. 层高>2.10m，且设计加以利用的计算1/2面积

C. 1.20m≤净高<2.10m时，计算1/2面积

D. 层高≥1.20m计算全面积

【解析】 参见教材第341页。

38.【2016年真题】根据《建筑工程建筑面积计算规范》（GB/T 50353—2013），关于建筑物外有永久顶盖无围护结构的走廊，建筑面积计算说法正确的是（　　）。

A. 按结构底板水平面积的1/2计算　　B. 按顶盖水平设计面积计算

C. 层高超过2.1m的计算全面积　　D. 层高不超过2m的不计算建筑面积

【解析】 参见教材第348页。

39.【2016年真题】根据《建筑工程建筑面积计算规范》（GB/T 50353—2013），不计

算建筑面积的是（　　）。

A. 建筑物室外台阶

B. 空调室外机搁板

C. 屋顶可上人露台

D. 与建筑物不相连的有顶盖车棚

E. 建筑物内的变形缝

【解析】 参见教材第 358~360 页。

40. 【2015 年真题】根据《建筑工程建筑面积计算规范》（GB/T 50353—2013）规定，建筑物的建筑面积应按自然层外墙结构外围水平面积之和计算。以下说法正确的是（　　）。

A. 建筑物高度为 2.00m 部分，应计算全面积

B. 建筑物高度为 1.80m 部分不计算面积

C. 建筑物高度为 1.20m 部分不计算面积

D. 建筑物高度为 2.10m 部分应计算 1/2 面积

【解析】 参见教材第 338 页。

41. 【2015 年真题】根据《建筑工程建筑面积计算规范》（GB/T 50353—2013）规定，建筑物内设有局部楼层，局部二层层高 2.15m，其建筑面积计算正确的是（　　）。

A. 无围护结构的不计算面积

B. 无围护结构的按其结构底板水平面积计算

C. 有围护结构的按其结构底板水平面积计算

D. 有围护结构的按其结构底板水平面积的 1/2 计算

【解析】 参见教材第 339 页。

42. 【2015 年真题】根据《建筑工程建筑面积计算规范》（GB/T 50353—2013）规定，地下室、半地下室建筑面积计算正确的是（　　）。

A. 层高不足 1.80m 者不计算面积

B. 层高为 2.10m 的部位计算 1/2 面积

C. 层高为 2.10m 的部位应计算全面积

D. 层高为 2.10m 以上的部位应计算全面积

【解析】 参见教材第 341 页。

43. 【2015 年真题】根据《建筑工程建筑面积计算规范》（GB/T 50353—2013）规定，建筑物大厅内的层高在 2.20m 及以上的回（走）廊，建筑面积计算正确的是（　　）。

A. 按回（走）廊水平投影面积并入大厅建筑面积

B. 不单独计算建筑面积

C. 按结构底板水平投影面积计算

D. 按结构底板水平面积的 1/2 计算

【解析】 参见教材第 343 页。

44. **【2015 年真题】** 根据《建筑工程建筑面积计算规范》（GB/T 50353—2013）规定，层高在 2.20m 及以上有围护结构的舞台灯光控制室建筑面积计算正确的是（　　）。

A. 按围护结构外围水平面积计算

B. 按围护结构外围水平面积的 1/2 计算

C. 按控制室底板水平面积计算

D. 按控制室底板水平面积的 1/2 计算

【解析】 参见教材第 345 页。

45. **【2015 年真题】** 根据《建筑工程建筑面积计算规范》（GB/T 50353—2013）规定，关于建筑面积计算正确的为（　　）。

A. 建筑物顶部有围护结构的电梯机房不单独计算

B. 建筑物顶部层高为 2.10m 的有围护结构的水箱间不计算

C. 围护结构不垂直于水平面的楼层，应按其底板面外墙外围水平面积计算

D. 建筑物室内提物井不计算

E. 建筑物室内楼梯按自然层计算

【解析】 参见教材第 339、351、358~360 页。

46. **【2015 年真题】** 根据《房屋建筑与装饰工程工程量计算规范》（GB 50854—2013）规定，关于建筑面积计算正确的是（　　）。

A. 过街楼底层的建筑物通道按通道底板水平面积计算

B. 建筑物露台按围护结构外围水平面积计算

C. 挑出宽度 1.80m 的无柱雨篷不计算

D. 建筑物室外台阶不计算

E. 挑出宽度超过 1.00m 的空调室外机搁板不计算

【解析】 参见教材第 349、358~360 页。

47. **【2014 年真题】** 多层建筑物二层以上楼层按其外墙结构外围水平面积计算，层高在 2.20m 及以上者计算全面积，其层高是指（　　）。

A. 上下两层楼面结构标高之间的垂直距离

B. 本层地面与屋面板底结构标高之间的垂直距离

C. 最上一层层高是其楼面至屋面板底结构标高之间的垂直距离

D. 最上层与屋面板找坡的以其楼面至屋面板底结构标高之间的垂直距离

【解析】 参见教材第 338 页。

48. **【2014 年真题】** 地下室的建筑面积计算正确的是（　　）。

A. 外墙保护墙外口外边线所围水平面积　　B. 层高 2.10m 及以上者计算全面积

C. 层高不足 2.2m 者应计算 1/2 面积　　D. 层高在 1.90m 以下者不计算面积

【解析】 参见教材第 341 页。

49. **【2014 年真题】** 有顶盖且顶高 4.2m 无围护结构的场馆看台，其建筑面积计算正确的是（　　）。

A. 按看台底板结构外围水平面积计算

B. 按顶盖水平投影面积计算

C. 按看台底板结构外围水平面积的 1/2 计算

D. 按顶盖水平投影面积的 1/2 计算

【解析】 参见教材第 341 页。

50. 【2014 年真题】建筑物内的管道井，其建筑面积计算说法正确的是（　　）。

A. 不计算建筑面积

B. 按管道井图示结构内边线面积计算

C. 按管道井净空面积的 1/2 乘以层数计算

D. 按自然层计算建筑面积

【解析】 参见教材第 351 页。

51. 【2014 年真题】关于建筑面积计算，说法正确的有（　　）。

A. 露天游泳池按设计图示外围水平投影面积的 1/2 计算

B. 建筑物内的储水罐平台按平台投影面积计算

C. 室外楼梯按楼梯水平投影计算全面积

D. 建筑物主体结构内的阳台按其结构外围水平面积计算

E. 宽度超过 2. 10m 的雨篷按结构板的水平投影面积 1/2 计算

【解析】 参见教材第 349、351、353、358~360 页。

52. 【2013 年真题】根据《建筑工程建筑面积计算规范》（GB/T 50353—2013），多层建筑物二层及以上的楼层应以层高判断如何计算建筑面积，关于层高的说法，正确的是（　　）。

A. 最上层按楼面结构标高至屋面板板面结构标高之间的垂直距离

B. 以屋面板找坡的，按楼面结构标高至屋面板最高处标高之间的垂直距离

C. 有基础底板的按底板下表面至上层楼面结构标高之间的垂直距离

D. 没有基础底板的按基础底面至上层楼面结构标高之间的垂直距离

【解析】 参见教材第 338 页。

53. 【2013 年真题】根据《建筑工程建筑面积计算规范》（GB/T 50353—2013），下列情况可以计算建筑面积的是（　　）。

A. 坡屋顶内净高在 1. 20m 至 2. 00m

B. 地下室无盖采光井所占面积

C. 建筑物出入口外挑宽度在 1. 20m 以上的雨篷

D. 不与建筑物内连通的装饰性阳台

【解析】 参见教材第 340、349、351、353 页。

54. 【2013 年真题】根据《建筑工程建筑面积计算规范》（GB/T 50353—2013），关于室外楼梯的建筑面积计算的说法，正确的是（　　）。

A. 按依附的自然层水平投影面积计算

B. 按依附的自然层水平投影面积的 1/2 计算

C. 并入依附自然层按水平投影面积的 1/2 计算

D. 不计算建筑面积

【解析】 参见教材第 351 页。

55. **【2013 年真题】**根据《建筑工程建筑面积计算规范》（GB/T 50353—2013），下列建筑中不应计算建筑面积的有（　　）。

A. 单层建筑利用坡屋顶净高不足 2. 10m 的部分

B. 单层建筑物内部楼层的二层部分

C. 多层建筑设计利用坡屋顶内净高不足 1. 20m 的部分

D. 外挑宽度大于 1. 20m 但不足 2. 10m 的雨篷

E. 建筑物室外台阶所占面积

【解析】 参见教材第 339、340、349、359 页。

56. **【2012 年真题】**根据《建筑工程建筑面积计算规范》（GB/T 50353—2013），建筑面积计算正确的是（　　）。

A. 单层建筑物应按其外墙勒脚以上结构外围水平面积计算

B. 单层建筑高度 2. 10m 以上者计算全面积，2. 10m 及以下计算 1/2 面积

C. 设计利用的坡屋顶，净高不足 2. 10m 不计算面积

D. 坡屋顶内净高在 1. 20~2. 20m 部位应计算 1/2 面积

【解析】 参见教材第 338~340 页。

57. **【2012 年真题】**根据《建筑工程建筑面积计算规范》（GB/T 50353—2013），某室外楼梯，建筑物自然层为 5 层，楼梯水平投影面积为 $6m^2$，则该室外楼梯的建筑面积为（　　）。

A. $12m^2$　　B. $15m^2$　　C. $18m^2$　　D. $24m^2$

【解析】 参见教材第 351 页。

58. **【2012 年真题】**根据《建筑工程建筑面积计算规范》（GB/T 50353—2013），层高 2. 20m 及以上计算全面积，层高不足 2. 20m 者计算 1/2 面积的项目有（　　）。

A. 宾馆大厅内的回廊

B. 单层建筑物内设有局部楼层，无围护结构的二层部分

C. 多层建筑物坡屋顶内和场馆看台下的空间

D. 坡地吊脚架空层

E. 建筑物间有围护结构的架空走廊

【解析】 参见教材第 339、341、342、343、345 页。

59. **【2012 年真题】**根据《建筑工程建筑面积计算规范》（GB/T 50353—2013），下列不应计算建筑面积的项目有（　　）。

A. 地下室的保护墙　　B. 坡地吊脚架空层

C. 建筑物外墙的保温隔热层　　D. 屋顶水箱

E. 建筑物内的变形缝

【解析】 参见教材第 358~360 页。

60. 【2011 年真题】根据《建筑工程建筑面积计算规范》(GB/T 50353—2013)，建筑物架空层及坡地建筑物的吊脚架空层的建筑面积计算，正确的是（　　）。

A. 层高不足 2. 20m 的部位应计算 1/2 面积

B. 层高在 2. 10m 及以上的部位应计算全面积

C. 层高不足 2. 10m 的部位不计算面积

D. 层高不足 2. 10m 的部位应计算 1/2 面积

【解析】 参见教材第 342 页。

61. 【2011 年真题】根据《建筑工程建筑面积计算规范》(GB/T 50353—2013)，室外楼梯的建筑面积计算，正确的是（　　）。

A. 按所依附的建筑物自然层的水平投影面积计算

B. 按所依附的建筑物自然层的水平投影面积的 1/2 计算

C. 最上层楼梯按建筑物自然层水平投影面积 1/2 计算

D. 按建筑物底层的水平投影面积 1/2 计算

【解析】 参见教材第 351 页。

62. 【2011 年真题】根据《建筑工程建筑面积计算规范》(GB/T 50353—2013)，设有围护结构不垂直水平面而超出底板外沿的建筑物的建筑面积应（　　）。

A. 按其底板外围水平面积计算

B. 按其顶盖水平投影面积计算

C. 按围护结构外边线计算

D. 按其底板面的外墙外围水平面积计算

【解析】 参见教材第 350、351 页。

63. 【2011 年真题】根据《建筑工程建筑面积计算规范》(GB/T 50353—2013)，内部连通的高低联跨建筑物内的变形缝应（　　）。

A. 计入高跨面积

B. 高低跨平均计算

C. 计入低跨面积

D. 不计算面积

【解析】 参见教材第 356 页。

64. 【2011 年真题】根据《建筑工程建筑面积计算规范》(GB/T 50353—2013)，按其结构底板水平面积的 1/2 计算建筑面积的项目有（　　）。

A. 有顶盖无围护结构的货棚

B. 有顶盖无围护结构的场馆看台

C. 有维护设施的架空走廊

D. 无柱挑廊

E. 有柱檐廊

【解析】 参见教材第 341、345、348 页。

65. 【2011 年真题】根据《建筑工程建筑面积计算规范》(GB/T 50353—2013)，应计算建筑面积的项目有（　　）。

A. 建筑物内的设备管道夹层

B. 屋顶有围护结构的水箱间

C. 地下人防通道

D. 层高不足 2. 20m 的建筑物大厅回廊

E. 建筑物外有围护结构的走廊

【解析】 参见教材第358~360页。

66.【2010年真题】根据《建筑工程建筑面积计算规范》（GB/T 50353—2013），半地下室车库建筑面积的计算，正确的是（ ）。

A. 不包括外墙防潮层及其保护墙

B. 包括无盖采光井所占面积

C. 层高在2.10m及以上按全面积计算

D. 层高不足2.10m应按1/2面积计算

【解析】 参见教材第341页。

67.【2010年真题】根据《建筑工程建筑面积计算规范》（GB/T 50353—2013），室外楼梯建筑面积的计算，正确的是（ ）。

A. 按所依附建筑物自然层的水平投影面积计算

B. 不计算建筑面积

C. 按所依附建筑物自然层的水平投影面积的1/2计算

D. 按上层楼梯底板面积计算

【解析】 参见教材第351页。

68.【2010年真题】根据《建筑工程建筑面积计算规范》（GB/T 50353—2013），不应计算建筑面积的项目是（ ）。

A. 建筑物内电梯井

B. 建筑物大厅回廊

C. 建筑物通道

D. 建筑物内变形缝

【解析】 参见教材第358~360页。

69.【2010年真题】根据《建筑工程建筑面积计算规范》（GB/T 50353—2013），有永久性顶盖无围护结构的按其结构底板水平面积1/2计算建筑面积的是（ ）。

A. 场馆看台

B. 收费站

C. 车棚

D. 架空走廊

【解析】 参见教材第345、353页。

70.【2010年真题】根据《建筑工程建筑面积计算规范》（GB/T 50353—2013），应计算建筑面积的项目有（ ）。

A. 场馆看台下空间

B. 建筑物的不封闭阳台

C. 建筑物内自动人行道

D. 有永久性顶盖无围护结构的加油站

E. 装饰性幕墙

【解析】 参见教材第358~360页。

71.【2010年真题】根据《建筑工程建筑面积计算规范》（GB/T 50353—2013），不应计算建筑面积的项目有（ ）。

A. 建筑物内的钢筋混凝土上料平台

B. 建筑物内≤50mm的沉降缝

C. 建筑物顶部有围护结构的水箱间

D. 2.10m宽的雨篷

E. 空调室外机搁箱

【解析】 参见教材第 358~360 页。

72. 【2009 年真题】根据《建筑工程建筑面积计算规范》(GB/T 50353—2013),单层建筑物内有局部楼层时,其建筑面积计算,正确的是(　　)。

A. 有围护结构的按底板水平面积计算

B. 无围护结构的不计算建筑面积

C. 层高超过 2. 10m 计算全面积

D. 层高不足 2. 20m 计算 1/2 面积

【解析】 参见教材第 339 页。

73. 【2009 年真题】根据《建筑工程建筑面积计算规范》(GB/T 50353—2013),下列关于建筑物雨篷结构的建筑面积计算,正确的是(　　)。

A. 有柱雨篷按结构外边线计算

B. 无柱雨篷按雨篷水平投影面积计算

C. 无柱雨篷外边线至外墙结构外边线不足 2. 10m 不计算面积

D. 无柱雨篷外边线至外墙结构外边线超过 2. 10m 按投影计算面积

【解析】 参见教材第 349 页。

74. 【2009 年真题】根据《建筑工程建筑面积计算规范》(GB/T 50353—2013),建筑物屋顶无围护结构的水箱建筑面积计算应为(　　)。

A. 层高超过 2. 2m 应计算全面积　　B. 不计算建筑面积

C. 层高不足 2. 2m 不计算建筑面积　　D. 层高不足 2. 2m 部分面积计算

【解析】 参见教材第 358 页。

75. 【2009 年真题】根据《建筑工程建筑面积计算规范》(GB/T 50353—2013),下列内容中,应计算建筑面积的是(　　)。

A. 坡地建筑设计利用但无围护结构的吊脚空层

B. 建筑门厅内层高不足 2. 2m 的回廊

C. 层高不足 2. 2m 的立体仓库

D. 建筑物内钢筋混凝土操作平台

E. 公共建筑物内自动扶梯

【解析】 参见教材第 358~360 页。

76. 【2009 年真题】根据《建筑工程建筑面积计算规范》(GB/T 50353—2013),下列内容中,不应计算建筑面积的是(　　)。

A. 悬挑宽度为 1. 8 的雨篷

B. 与建筑物不连通的装饰性阳台

C. 用于检修的室外钢楼梯

D. 层高不足 1. 2m 的单层建筑坡屋顶空间

E. 层高不足 2. 2m 的地下室

【解析】 参见教材第 340、341、349、353、359 页。

77. **【2008 年真题】**根据《建筑工程建筑面积计算规范》（GB/T 50353—2013），多层建筑物坡屋顶内和场馆看台下，建筑面积的计算，错误的是（　　）。

A. 结构净高超过 2. 10m 的部位计算全面积

B. 结构净高 2. 0m 部位计算 1/2 面积

C. 结构净高在 1. 20~2. 10m 的部位计算 1/2 面积

D. 层高在 2. 20m 及以上者计算全面积

【解析】 参见教材第 340、341 页。

78. **【2008 年真题】**根据《建筑工程建筑面积计算规范》（GB/T 50353—2013），建筑面积的计算，说法正确的是（　　）。

A. 建筑物凹阳台按其底板水平投影面积计算

B. 无顶盖的室外楼梯不计算建筑面积

C. 建筑物顶部有围护结构的楼梯间，层高超过 2. 10m 的部分计算全面积

D. 无柱雨篷外挑宽度超过 2. 10m 时，按雨篷结构板的水平投影面积的 1/2 计算

【解析】 参见教材第 349、351、353 页。

79. **【2008 年真题】**根据《建筑工程建筑面积计算规范》，不应计算建筑面积的是（　　）。

A. 建筑物外墙外侧保温隔热层

B. 建筑物内的变形缝

C. 有维护结构的架空走廊

D. 屋顶的水箱

【解析】 参见教材第 358~360 页。

80. **【2008 年真题】**根据《建筑工程建筑面积计算规范》（GB/T 50353—2013），坡屋顶内空间利用时，建筑面积的计算说法正确的是（　　）。

A. 净高大于 2. 10m 计算全面积

B. 净高等于 2. 10m 计算 1/2 全面积

C. 净高等于 2. 0m 计算全面积

D. 净高小于 1. 20m 不计算面积

E. 净高等于 1. 20m 不计算面积

【解析】 参见教材第 340 页。

81. **【2007 年真题】**按照建筑面积计算规则，不计算建筑面积的是（　　）。

A. 层高在 2. 1m 以下的场馆看台下的空间

B. 不足 2. 2m 高的单层建筑

C. 层高不足 2. 2m 的立体仓库

D. 外挑宽度在 2. 1m 以内的无柱雨篷

【解析】 参见教材第 338、341、345、349 页。

82. **【2007 年真题】**关于建筑面积计算，正确的说法是（　　）。

A. 建筑物顶部有围护结构的楼梯间层高不足 2. 2m 的按 1/2 计算面积

B. 建筑物内凹阳台计算全部面积，挑阳台按 1/2 计算面积

C. 建筑物架空层层高不足 2. 1m 按 1/2 计算面积

D. 建筑物雨篷外挑宽度超过 1. 2m 按水平投影面积 1/2 计算

【解析】 参见教材第 342、349、351、353 页。

83. 【2007 年真题】相邻建筑物之间层高超过 2. 2m 有围护结构的架空走廊建筑面积计算，正确的说法是（　　）。

A. 按水平投影面积的 1/2 计算　　B. 不计算建筑面积

C. 按围护结构的外围水平计算面积　　D. 按围护结构面积的 1/2 计算

【解析】 参见教材第 345 页。

84. 【2007 年真题】关于建筑面积计算，正确的说法是（　　）。

A. 建筑物室内的变形缝不计算建筑面积

B. 建筑物室外台阶按水平投影面积计算

C. 建筑物外有围护结构的挑廊按结构底板水平投影面积计算

D. 地下人防通道超过 2. 2m 按结构底板水平面积计算

E. 有维护设施的架空走廊按结构底板水平投影面积计算

【解析】 参见教材第 345、348、356、359、360 页。

85. 【2006 年真题】上下两个错层户室共用的室内楼梯，建筑面积应按（　　）。

A. 上一层的自然层计算　　B. 下一层的自然层计算

C. 上一层的结构层计算　　D. 下一层的结构层计算

【解析】 参见教材第 351 页。

86. 【2006 年真题】关于建筑面积计算，正确的说法是（　　）。

A. 建筑物顶部有围护结构的楼梯间，层高不足 2. 20m 的不计算

B. 建筑物外有无围护结构走廊，层高超过 2. 20m 计算全面积

C. 建筑物大厅内层高不足 2. 20m 的回廊，按其结构底板水平面积的 1/2 计算

D. 有室外楼梯按自然层水平投影面积的 1/2 计算

E. 建筑物内的变形缝应按其自然层合并在建筑物面积内计算

【解析】 参见教材第 339、348、351、356 页。

87. 【2005 年真题】某工程设计采用坡地建筑物吊脚架空层，层高 2. 3m，结构底板长 60m、宽 18m，其内隔出一间外围水平面积为 18m^2 的房间，经初装饰后作水泵房使用。根据《建筑工程建筑面积计算规范》（GB/T 50353—2013）规定，该工程基础以上的建筑面积为 6400m^2，该工程总建筑面积应为（　　）m^2。

A. 6418　　B. 6480　　C. 6940　　D. 7480

【解析】 参见教材第 342 页。6400+60×18=7480（m^2）。

88. 【2005 年真题】某展览馆为 7 层框架结构，每层高 3m，各层外墙的外围水平面积均为 4000m^2，馆内布置有大厅并设有两层回廊，大厅长 36m、宽 24m、高 8. 9m，每层回廊长 110m、宽 2. 4m。根据《全国统一建筑工程预算工程量计算规则》规定，该展览馆的建筑

面积为（　　）m^2。

A. 26800　　B. 27400　　C. 28000　　D. 29200

【解析】 参见教材第339页。

89.【2005年真题】某高校新建一栋六层教学楼，建筑面积18000m^2，经消防部门检查认定，建筑物内楼梯不能满足紧急疏散要求。为此又在两端墙外各增设一个封闭疏散楼梯，每个楼梯间的每层水平投影面积为16m^2。根据《建筑工程建筑面积计算规范》（GB/T 50353—2013）规定，该教学楼的建筑面积应为（　　）m^2。

A. 18192　　B. 18160　　C. 18096　　D. 18000

【解析】 参见教材第338、351页。$18000+16\times6\times2=18192$（$m^2$）。

90.【2004年真题】下列可以计算建筑面积的是（　　）。

A. 挑出墙外1.5m的悬挑雨篷

B. 挑出墙外1.5m的有盖檐廊

C. 层高2.5m的管道层

D. 层高2.5m的单层建筑物内分隔的单层房间

【解析】 参见教材第339、348、349页。

91.【2004年真题】计算建筑面积的建筑物应具备的条件有（　　）。

A. 可单独计算水平面积

B. 具有完整的基础、框架、墙体等结构

C. 结构上、使用上具有一定使用功能的空间

D. 结构上具有足够的耐久性

E. 可单独计算相应的人工、材料、机械的消耗量

【解析】 参见教材第337页。

二、参考答案

题号	1	2	3	4	5	6	7	8	9
答案	B	B	C	D	ABCD	A	C	A	A
题号	10	11	12	13	14	15	16	17	18
答案	D	C	D	ADE	C	A	D	B	D
题号	19	20	21	22	23	24	25	26	27
答案	B	ABDE	C	C	D	B	BE	B	C
题号	28	29	30	31	32	33	34	35	36
答案	B	A	BCE	C	B	D	C	AC	A
题号	37	38	39	40	41	42	43	44	45
答案	C	A	ABC	D	B	B	C	A	CE
题号	46	47	48	49	50	51	52	53	54
答案	CDE	A	C	D	D	DE	A	A	C

（续）

题号	55	56	57	58	59	60	61	62	63
答案	CDE	A	A	ABD	AD	A	B	D	C
题号	64	65	66	67	68	69	70	71	72
答案	CD	ABDE	A	C	C	D	ABCD	AE	D
题号	73	74	75	76	77	78	79	80	81
答案	C	B	ABCE	ABCD	D	D	D	AD	D
题号	82	83	84	85	86	87	88	89	90
答案	A	C	CE	A	CDE	D	A	A	C
题号	91								
答案	AC								

三、2023考点预测

考点一：建筑面积的四个作用

考点二：建筑面积计算规则

第三节　工程量计算规则与方法

考点一：土石方工程

考点二：地基处理与边坡支护工程

考点三：桩基础工程

考点四：砌筑工程

考点五：混凝土及钢筋混凝土工程

考点六：金属结构工程

考点七：木结构

考点八：门窗工程

考点九：屋面及防水工程

考点十：保温、隔热、防腐工程

考点十一：楼地面装饰工程

考点十二：墙、柱面装饰与隔断、幕墙工程

考点十三：天棚工程

考点十四：油漆、涂料、裱糊工程

考点十五：其他装饰工程

考点十六：拆除工程

考点十七：措施项目

一、经典真题及解析

1.【2022年真题】某土方工量清单编制，按图计算挖土方量为10000m^3，回填土数6000m^3；已知土方天然密实体积：夯实后体积=1：0.87，则回填方及余方弃置的清单工程量分别为（ ）m^3。

A. 6000；4000 B. 6896.55；3103.45

C. 6000；3103.45 D. 6896.55；4000

【解析】 参见教材第361页。

2.【2022年真题】关于土方回填，下列说法正确的是（ ）。

A. 室内回填工程量按各类墙体间的净面积乘以回填厚度

B. 室外回填工程量按挖方清单项目工程量减去室外地坪以下埋设的基础体积

C. 对填方密实度要求，必须在项目特征中进行详尽描述

D. 对填方材料的品种和粒径要求，必须在项目特征中进行详尽描述

【解析】 参见教材第364页。

3.【2022年真题】根据《房屋建筑与装饰工程工程量计算规范》（GB 50854—2013），关于土方工程，下列说法正确的是（ ）。

A. 管沟土方按设计图示尺寸以管道中心线长度计算，不扣除各类井所占长度

B. 工作面所增加的土方工程量是否计算，应按各省级建设主管部门规定实施

C. 虚方指未经碾压、堆积时间不大于2年的土壤

D. 桩间挖土不扣除桩的体积，但应在项目特征中加以描述

E. 基础土方开挖深度应按基础垫层底表面积至设计室外地坪标高确定

【解析】 参见教材第360~362页，选项B要慎选。

4.【2021年真题】根据《房屋建筑与装饰工程工程量计算规范》（GB 50854—2013），关于回填工程量计算方法，正确的是（ ）。

A. 室内回填按主墙间净面积乘以回填厚度，扣除间隔墙所占体积

B. 场地回填按回填面积乘以平均回填厚度计算

C. 基础回填为挖方工程量减去室内地坪以下埋设的基础体积

D. 回填项目特征描述中应包括密实度和废弃料品种

【解析】 参见教材第364页。

5.【2020年真题】挖480mm宽钢筋混凝土直埋管道沟槽，每侧工作面宽度为（ ）。

A. 200mm B. 250mm

C. 400mm D. 500mm

【解析】 参见教材第362页。

6.【2020年真题】根据《房屋建筑与装饰工程工程量计算规范》（GB 50854—2013），土方工程工程量计算正确的为（ ）。

A. 建筑场地厚度≤±300mm的挖、填、运、找平，均按平整场地计算

B. 设计底宽≤7m，底长>3 倍底宽的土方开挖，均按挖沟槽土方计算

C. 设计底宽>7m，底长>3 倍底宽的土方开挖，按一般的土方计算

D. 设计底宽>7m，底长<3 倍底宽的土方开挖，按挖基坑土方计算

E. 土方工程量均按设计尺寸以体积计算

【解析】 参见教材第 361 页。D 选项，因为未描述 150m^2，故建议不选。

7. **【2019 年真题】**某建筑物砂土场地，设计开挖面积为 20m×7m，自然地面标高为 -0.2m，设计室外地坪高为-0.3m，设计开挖底面标高为-1.2m。根据《房屋建筑与装饰工程工程量计算规范》（GB 50854—2013），土方工程清单工程量计算应（　　）。

A. 执行挖一般土方项目，工程量为 140m

B. 执行挖一般土方项目，工程量为 126m^2

C. 执行挖基坑土方项目，工程量为 140m^3

D. 执行挖基坑土方项目，工程量为 126m^3

【解析】 20×7×(1.2-0.2)= 140（m^3）。

8. **【2019 年真题】**某较为平整的软岩施工场地，设计长度为 30m，宽为 10m，开挖深度为 0.8m。根据《房屋建筑与装饰工程工程量计算规范》（GB 50854—2013），开挖石方清单工程量为（　　）。

A. 沟槽石方工程量 300m^2

B. 基坑石方工程量 240m^3

C. 管沟石方工程量 30m

D. 一般石方工程量 240m^3

【解析】 30×10×0.8=240（m^3）。

9. **【2018 年真题】**根据《房屋建筑与装饰工程工程量计算规范》（GB 50854—2013），石方工程量计算正确的是（　　）。

A. 挖基坑石方按设计图示尺寸基础底面面积乘以埋置深度以体积计算

B. 挖沟槽石方按设计图示以沟槽中心线长度计算

C. 挖一般石方按设计图示开挖范围的水平投影面积计算

D. 挖管沟石方按设计图示以管道中心线长度计算

【解析】 参见教材第 362 页。

10. **【2017 年真题】**根据《房屋建筑与装饰工程工程量计算规范》（GB 50854—2013），某建筑物场地土方工程，设计基础长 27m，宽为 8m，周边开挖深度均为 2m，实际开挖后场内堆土量为 570m^3，则土方工程量为（　　）。

A. 平整场地 216m^3

B. 沟槽土方 655m^3

C. 基坑土方 528m^3

D. 一般土方 438m^3

【解析】 参见教材第 361 页。

11. **【2017 年真题】**根据《房屋建筑与装饰工程工程量计算规范》（GB 50854—2013），石方工程量计算正确的有（　　）。

A. 挖一般石方按设计图示尺寸以建筑物首层面积计算

B. 挖沟槽石方按沟槽设计底面积乘以挖石深度以体积计算

C. 挖基坑石方按基坑底面积乘以自然地面测量标高至设计地坪标高的平均厚度以体积计算

D. 挖管沟石方按设计图示以管道中心线长度以米计算

E. 挖管沟石方按设计图示截面积乘以长度以体积计算

【解析】 参见教材第 362 页。

12. **【2016 年真题】**根据《房屋建筑与装饰工程工程量计算规范》（GB 50854—2013），在三类土中挖基坑不放坡的坑深可达（　　）。

A. 1.2m　　B. 1.3m　　C. 1.5m　　D. 2.0m

【解析】 参见教材第 362 页表 5.3.3。

13. **【2016 年真题】**根据《房屋建筑与装饰工程工程量计算规范》（GB 50854—2013），若开挖设计长为 20m，宽为 6m，深度为 0.8m 的土方工程，在清单中列项应为（　　）。

A. 平整场地　　B. 挖沟槽　　C. 挖基坑　　D. 挖一般土方

【解析】 参见教材第 361 页。

14. **【2016 年真题】**根据《房屋建筑与装饰工程工程量计量规范》（GB 50854—2013），关于管沟石方工程量计算，说法正确的是（　　）。

A. 按设计图示尺寸以管道中心线长度计算

B. 按设计图示尺寸以截面积计算

C. 有管沟设计时按管底以上部分体积计算

D. 无管沟设计时按延长米计算

【解析】 参见教材第 362 页。

15. **【2016 年真题】**根据《房屋建筑与装饰工程工程量计量规范》（GB 50854—2013），关于土石方回填工程量计算，说法正确的是（　　）。

A. 回填土方项目特征应包括填方来源及运距

B. 室内回填应扣除间隔墙所占体积

C. 场地回填按设计回填尺寸以面积计算

D. 基础回填不扣除基础垫层所占体积

【解析】 参见教材第 364 页。

16. **【2015 年真题】**根据《房屋建筑与装饰工程工程量计算规范》（GB 50854—2013）规定，关于土方的项目列项或工程量计算正确的为（　　）。

A. 建筑物场地厚度为 350mm 挖土应按平整场地项目列项

B. 挖一般土方的工程量通常按开挖虚方体积计算

C. 基础土方开挖需区分沟槽、基坑和一般土方项目分别列项

D. 冻土开挖工程量需按虚方体积计算

【解析】 参见教材第 360、361 页。

17. **【2015 年真题】**某管沟工程，设计管底垫层宽度为 2000mm，开挖深度为 2.00m，管径为 1200mm，工作面宽度为 400mm，管道中心线长为 180m，管沟土方工程计量计算正确的为（　　）。

A. 432m^3　　B. 576m^3

C. 720m^3　　D. 1008m^3

【解析】 2×2×180=720（m^3）。

18. **【2015 年真题】**根据《房屋建筑与装饰工程工程量计算规范》（GB 50854—2013）规定，关于石方的项目列项或工程量计算正确的为（　　）。

A. 山坡凿石按一般石方列项

B. 考虑石方运输，石方体积需折算为虚方体积计算

C. 管沟石方均按一般石方列项

D. 基坑底面积超过 120m^2 的按一般石方列项

【解析】 参见教材第 362、363 页。

19. **【2015 年真题】**某坡地建筑基础，设计基底垫层宽为 8.0m，基础中心线长为 22.0m，开挖深度为 1.6m，地基为中等风化软岩，根据《房屋建筑与装饰工程工程量计算规范》（GB 50854—2013）规定，关于基础石方的项目列项或工程量计算正确的为（　　）。

A. 按挖沟槽石方列项　　B. 按挖基坑石方列项

C. 按挖一般石方列项　　D. 工程量为 281.6m^3

E. 工程量为 22.0m

【解析】 8×22×1.6=281.6（m^3）。

20. **【2014 年真题】**某建筑首层建筑面积 500m^2，场地较为平整，其自然地面标高为+87.5m，设计室外地面标高为+87.15m，则其场地土方清单列项和工程量分别是（　　）。

A. 按平整场地列项：500m^2　　B. 按一般土方列项：500m^2

C. 按平整场地列项：175m^3　　D. 按一般土方列项：175m^3

【解析】 500×0.35=175（m^3）。

21. **【2014 年真题】**某建筑工程挖土方工程量需要通过现场签证核定，已知用斗容量为 1.5m^3 的轮胎式装载机运土 500 车，则挖土工程量应为（　　）。

A. 501.92m^3　　B. 576.92m^3　　C. 623.15m^3　　D. 750m^3

【解析】 1.5×500/1.3=576.92（m^3）或=1.5×500×0.77=577.50（m^3）。

22. **【2014 年真题】**某工程石方清单为暂估项目，施工过程中需要通过现场签证确认实际完成工作量，挖方全部外运。已知开挖范围为底长 25m，底宽 9m，使用斗容量为 10m^3 的汽车平装外运 55 车，则关于石方清单列项和工程量，说法正确的有（　　）。

A. 按挖一般石方列项　　B. 按挖沟槽石方列项

C. 按挖基坑石方列项　　D. 工程量 357.14m^3

E. 工程量 550.00m^3

【解析】 参见教材第 363 页。

23. **【2013 年真题】**根据《房屋建筑与装饰工程工程量计算规范》（GB 50854—2013），某建筑物首层建筑面积为 2000m^2 场地，内有部分 150mm 以内的挖土用 6.5t 自卸汽车（斗容量 4.5m^3）运土，弃土共计 20 车，运距 150m，则平整场地的工程量应为（　　）。

A. 69.2m^3　　B. 83.3m^3

C. 90m^3　　D. 2000m^2

【解析】 参见教材第 360 页。

24. 【2013 年真题】根据《房屋建筑与装饰工程工程量计算规范》（GB 50854—2013），若建筑物外墙砖基础垫层底宽为 850mm，基槽挖土深度为 1600mm，设计中心线长为 40000mm，土层为三类土，放坡系数为 1∶0.33，则此外墙基础人工挖沟槽工程量应为（　　）。

A. 34m^2　　B. 54.4m^3

C. 88.2m^2　　D. 113.8m^2

【解析】 0.85×1.6×40＝54.4（m^3）。

25. 【2013 年真题】根据《房屋建筑与装饰工程工程量计算规范》（GB 50854—2013），当土方开挖长≤3 倍底宽，且底面积≥150m^2，开挖深度为 0.8m 时，清单项目应列为（　　）。

A. 平整场地　　B. 挖一般土方

C. 挖沟槽土方　　D. 挖基坑土方

【解析】 参见教材第 361 页。

26. 【2013 年真题】根据《房屋建筑与装饰工程工程量计算规范》（GB 50854—2013），关于管沟土方工程量计算的说法，正确的有（　　）。

A. 按管沟宽乘以深度再乘以管道中心线长度计算

B. 按设计管道中心线长度计算

C. 按设计管底垫层面积乘以深度计算

D. 按管道外径水平投影面积乘以挖土深度计算

E. 按管沟开挖断面乘以管道中心线长度计算

【解析】 参见教材第 360 页。

27. 【2012 年真题】根据《建设工程工程量清单计价规范》（GB 50500—2013）附录 A，土石方工程中，建筑物场地厚度在±30cm 以内的，平整场地工程量应（　　）。

A. 按建筑物自然层面积计算

B. 按建筑物首层面积计算

C. 按建筑有效面积计算

D. 按设计图示厚度计算

【解析】 参见教材第 360、361 页。

28. 【2009 年真题】根据《建设工程工程量清单计价规范》（GB 50500—2013），下列基础土方的工程量计算，正确的为（　　）。

A. 基础设计底面积×基础埋深

B. 基础设计底面积×基础设计高度

C. 基础垫层设计底面积×挖土深度

D. 基础垫层设计底面积×基础设计高度和垫层厚度之和

【解析】 参见教材第 360 页。

29. 【2008 年真题】根据《建设工程工程量清单计价规范》。平整场地工程量计算规则是（　　）。

A. 按建筑物外围面积乘以平均挖土厚度计算

B. 按建筑物外边线外加 2m 以平面面积计算

C. 按建筑物首层面积乘以平均挖土厚度计算

D. 按设计图示尺寸以建筑物首层面积计算

【解析】 参见教材第 360 页。

30. 【2007 年真题】根据《建设工程工程量清单计价规范》，基础土石方的工程量是按（　　）。

A. 建筑物首层建筑面积乘以挖土深度计算

B. 建筑物垫层底面积乘以挖土深度计算

C. 建筑物基础底面积乘以挖土深度计算

D. 建筑物基础断面积乘以中心线长度计算

【解析】 参见教材第 360 页。

31. 【2006 年真题】挖土方的工程量按设计图示尺寸以体积计算，此处的体积是指（　　）。

A. 虚方体积　　B. 夯实后体积

C. 松填体积　　D. 天然密实体积

【解析】 参见教材第 361 页。

32. 【2005 年真题】某建筑物设计室内地坪标高±0. 00，室外地坪标高-0. 45m，基槽挖土方 800m^3，基础工程量 560m^3，其中标高-0. 45m 至±0. 00 的工程量为 10m^3。根据《建设工程工程量清单计价规范》的有关规定，该基础工程的土方回填量为（　　）m^3。

A. 250　　B. 240　　C. 230　　D. 200

【解析】 800-560+10=250（m^3）。

33. 【2004 年真题】建筑物的场地平整工程量应（　　）。

A. 按实际体积计算

B. 按地下室面积计算

C. 按设计图示尺寸以建筑物首层面积计算

D. 按基坑开挖上口面积计算

【解析】 参见教材第 360 页。

34. 【2022 年真题】某深层水泥搅拌桩，设计桩长 18m，设计桩底标高-19m，自然地坪标高-0. 3m，设计室外地坪标高为-0. 1m，则该桩的空桩长度为（　　）m。

A. 0. 7　　B. 0. 9

C. 1. 1　　D. 1. 3

【解析】 参见教材第 367 页。

35. 【2022 年真题】根据《房屋建筑与装饰工程工程量计算规范》（GB 50854—2013），

地基处理与边坡支护工程中可用“m^3”作为计量单位的有（　　）。

A. 砂石桩　　B. 石灰桩

C. 振冲桩（填料）　　D. 深层水泥搅拌桩

E. 注浆地基

【解析】 参见教材第 367 页。

36. 【2021 年真题】根据《房屋建筑与装饰工程工程量计算规范》（GB 50854—2013），在地基处理项目中可以按“m^3”计量的桩为（　　）。

A. 砂石桩　　B. 石灰桩

C. 粉喷桩　　D. 深层搅拌桩

【解析】 参见教材第 367 页。

37. 【2020 年真题】根据《房屋建筑与装饰工程工程量计算规范》（GB 50854—2013），地基处理的换土垫层项目特征中，应说明材料种类及配比、压实系数和（　　）。

A. 基坑深度　　B. 基底土分类

C. 边坡支护形式　　D. 掺加剂品种

【解析】 参见教材第 366 页。

38. 【2018 年真题】根据《房屋建筑与装饰工程工程量计算规范》（GB 50854—2013），基坑支护的锚杆的工程量应（　　）。

A. 按设计图示尺寸以支护体积计算

B. 按设计图示尺寸以支护面积计算

C. 按设计图示尺寸以钻孔深度计算

D. 按设计图示尺寸以质量计算

【解析】 参见教材第 368 页。

39. 【2017 年真题】根据《房屋建筑与装饰工程工程量计算规范》（GB 50854—2013），地基处理工程量计算正确的是（　　）。

A. 换填垫层按设计图示尺寸以体积计算

B. 强夯地基按设计图示处理范围乘以处理深度以体积计算

C. 填料振冲桩以填料体积计算

D. 水泥粉煤碎石桩按设计图示尺寸以体积计算

【解析】 参见教材第 367 页。

40. 【2016 年真题】根据《房屋建筑与装饰工程工程量计算规范》（GB 50854—2013），关于地基处理，说法正确的是（　　）。

A. 铺设土工合成材料按设计长度计算

B. 强夯地基按设计图示处理范围乘以深度以体积计算

C. 填料振冲桩按设计图示尺寸以体积计算

D. 砂石桩按设计数量以根计算

【解析】 参见教材第 366、367 页。

41. **【2015 年真题】**对某建筑地基设计要求强夯处理，处理范围为 40.0m×56.0m，需要铺设 400mm 厚土工合成材料，并进行机械压实，根据《房屋建筑与装饰工程工程量计算规范》（GB 50854—2013）规定，正确的项目列项或工程量计算是（　　）。

A. 铺设土工合成材料的工程量为 $896m^3$

B. 铺设土工合成材料的工程量为 $2240m^2$

C. 强夯地基工程量按一般土方项目列项

D. 强夯地基工程量为 $896m^3$

【解析】 参见教材第 366、367 页。

42. **【2015 年真题】**根据《房屋建筑与装饰工程工程量计算规范》（GB 50854—2013）规定，关于地基处理工程量计算正确的为（　　）。

A. 振冲桩（填料）按设计图示处理范围以面积计算

B. 砂石桩按设计图示尺寸以桩长（不包括桩尖）计算

C. 水泥粉煤灰碎石桩按设计图示尺寸以体积计算

D. 深层搅拌桩按设计图示尺寸以桩长计算

【解析】 参见教材第 367 页。

43. **【2015 年真题】**根据《房屋建筑与装饰工程工程量计算规范》（GB 50854—2013）规定，关于基坑支护工程量计算正确的为（　　）。

A. 地下连续墙按设计图示墙中心线长度以 m 计算

B. 预制钢筋混凝土板桩按设计图示数量以根计算

C. 钢板桩按设计图示数量以根计算

D. 喷射混凝土按设计图示面积乘以喷层厚度以体积计算

【解析】 参见教材第 367、368 页。

44. **【2013 年真题】**根据《房屋建筑与装饰工程工程量计算规范》（GB 50854—2013），关于地基处理工程量计算的说法，正确的是（　　）。

A. 换填垫层按照图示尺寸以面积计算

B. 铺设土工合成材料按图示尺寸以铺设长度计算

C. 强夯地基按图示处理范围和深度以体积计算

D. 振冲密实（不填料）的按图示处理范围以面积计算

【解析】 参见教材第 366、367 页。

45. **【2013 年真题】**根据《房屋建筑与装饰工程工程量计算规范》（GB 50854—2013），关于基坑与边坡支护工程量计算的说法，正确的是（　　）。

A. 地下连续墙按设计图示尺寸以体积计算

B. 咬合灌注桩按设计图示尺寸以体积计算

C. 喷射混凝土按设计图示以体积计算

D. 预制钢筋混凝土板桩按设计图示尺寸以体积计算

【解析】 参见教材第 367、368 页。

46. 【2012年真题】根据《建设工程工程量清单计价规范》(GB 50500—2013) 附录A，下列工程量计算的说法，正确的是（　　）。

A. 混凝土桩只能按根数计算

B. 喷粉桩按设计图示尺寸以桩长（包括桩尖）计算

C. 地下连续墙按长度计算

D. 锚杆支护按支护土体体积计算

【解析】 参见教材第367、368页。

47. 【2011年真题】根据《建设工程工程量清单计价规范》(GB 50500—2013)，地下连续墙的工程量应（　　）。

A. 按设计图示槽横断面面积乘以槽深以体积计算

B. 按设计图示尺寸以支护面积计算

C. 按设计图示尺寸以墙体中心线长度计算

D. 按设计图示墙中心线长乘以厚度乘以槽深以体积计算

【解析】 参见教材第367页。

48. 【2009年真题】根据《建设工程工程量清单计价规范》(GB 50500—2013)，边坡土钉支护工程量应按（　　）。

A. 设计图示尺寸以支护面积计算

B. 设计土钉数量以根数计算

C. 设计土钉数量以质量计算

D. 设计支护面积×土钉长度以体积计算

【解析】 参见教材第368页。

49. 【2020年真题】根据《房屋建筑与装饰工程工程量计算规范》(GB 50854—2013)，打桩项目工作内容应包括（　　）。

A. 送桩

B. 承载力检测

C. 桩身完整性检测

D. 截（凿）桩头

【解析】 参见教材第371页。

50. 【2019年真题】根据《房屋建筑与装饰工程工程量计算规范》(GB 50854—2013)，打预制钢筋混凝土方桩清单工程量计算正确的是（　　）。

A. 打桩按打入实体长度（不包括桩尖）计算，以“m”计量

B. 截桩头按设计桩截面乘以桩头长度以体积计算，以“m^3”计量

C. 接桩按接头数量计算，以“个”计量

D. 送桩按送入长度计算，以“m”计量

【解析】 参见教材第370、371页。

51. 【2018年真题】根据《房屋建筑与装饰工程工程量计算规范》(GB 50854—2013)，钻孔压浆桩的工程量应（　　）。

A. 按设计图示尺寸以桩长计算

B. 按设计图示以注浆体积计算

C. 以钻孔深度（含空钻长度）计算

D. 按设计图示尺寸以体积计算

【解析】 参见教材第 371 页。

52. **【2017 年真题】** 根据《房屋建筑与装饰工程工程量计算规范》（GB 50854—2013），打桩工程量计算正确的是（　　）。

A. 打预制钢筋混凝土方桩，按设计图示尺寸桩长以米计算，送桩工程量另计

B. 打预制钢筋混凝土管桩，按设计图示数量以根计算，截桩头工程量另计

C. 钢管桩按设计图示截面积乘以桩长，以实体积计算

D. 钢板桩按不同板幅以设计长度计算

【解析】 参见教材第 368、370 页。

53. **【2015 年真题】** 根据《房屋建筑与装饰工程工程量计算规范》（GB 50854—2013）规定，关于桩基础的项目列项或工程量计算正确的为（　　）。

A. 预制钢筋混凝土管桩试验桩应在工程量清单中单独列项

B. 预制钢筋混凝土方桩试验桩工程量应并入预制钢筋混凝土方桩项目

C. 现场截凿桩头工程量不单独列项，并入桩工程量计算

D. 挖孔桩土方按设计桩长（包括桩尖）以米计算

【解析】 参见教材第 370、371 页。

54. **【2004 年真题】** 关于地基与桩基础工程的工程量计算规则，正确的说法是（　　）。

A. 预制钢筋混凝土桩按设计图示桩长度（包括桩尖）以 m 为单位计算

B. 钢板桩按设计图示尺寸以面积计算

C. 混凝土灌注桩扩大头体积折算成长度并入桩长计算

D. 地下连续墙按设计图示墙中心线长度乘槽深的面积计算

【解析】 参见教材第 367、368、370 页。

55. **【2022 年真题】** 根据《房屋建筑与装饰工程工程量计算规范》（GB 50854—2013），0.5 及 1.5 标准砖墙厚度分别为（　　）。

A. 115、365　　B. 115、370

C. 120、365　　D. 120、370

【解析】 参见教材第 375 页。

56. **【2021 年真题】** 根据《房屋建筑与装饰工程工程量计算规范》（GB 50854—2013），关于实心砖墙工程量计算方法正确的为（　　）。

A. 不扣除沿椽木、木砖及凹进墙内的暖气槽所占的体积

B. 框架间墙工程量区分内外墙，按墙体净尺寸以体积计算

C. 围墙柱体积并入围墙体积内计算

D. 有混凝土压顶围墙的高度算至压顶上表面

【解析】 参见教材第 374 页。

57.【2021 年真题】根据《房屋建筑与装饰工程工程量计算规范》（GB 50854—2013），关于石砌体工程量说法正确的是（　　）。

A. 石台阶按设计图示尺寸以水平投影面积计算

B. 石梯膀按石挡土墙项目编码列项

C. 石砌体工作内容中不包括勾缝，应单独列项计算。

D. 石基础中靠墙暖气沟的挑檐并入基础体积计算

【解析】 参见教材第 376 页。

58.【2021 年真题】根据《房屋建筑与装饰工程工程量计算规范》（GB 50854—2013），下列砖砌体工程量计算正确的有（　　）。

A. 空斗墙中门窗洞口立边、屋檐处的实砌部分一般不增加

B. 填充墙项目特征需要描述填充材料种类及厚度

C. 空花墙按设计图示尺寸以空花部分外形体积计算，扣除空洞部分体积

D. 空斗墙的窗间墙、窗台下、楼板下的实砌部分并入墙体体积

E. 小便槽、地垄墙可按长度计算

【解析】 参见教材第 374 页。

59.【2020 年真题】根据《房屋建筑与装饰工程工程量计算规范》（GB 50854—2013），建筑基础与墙体均为砖砌体，且有地下室，则基础与墙体的划分界限为（　　）。

A. 室内地坪设计标高

B. 室外地面设计标高

C. 地下室地面设计标高

D. 自然地面标高

【解析】 参见教材第 375 页。

60.【2020 年真题】根据《房屋建筑与装饰工程工程量计算规范》（GB 50854—2013），对于砌块墙砌筑，下列说法正确的是（　　）。

A. 砌块上、下错缝不满足搭砌要求时应加两根Φ8 钢筋拉结

B. 错缝搭接拉结钢筋工程量不计

C. 垂直灰缝灌注混凝土工程量不计

D. 垂直灰缝宽大于 30mm 时应采用 C20 细石混凝土灌实

【解析】 参见教材第 375 页。

61.【2020 年真题】根据《房屋建筑与装饰工程工程量计算规范》（GB 50854—2013），石砌体工程量计算正确的为（　　）。

A. 石台阶项目包括石梯带和石梯膀

B. 石坡道按设计图示尺寸以水平投影面积计算

C. 石护道按设计图示尺寸以垂直投影面积计算

D. 石挡土墙按设计图示尺寸以挡土面积计算

【解析】 参见教材第 376 页。

62. **【2019 年真题】**根据《房屋建筑与装饰工程工程量计算规范》（GB 50854—2013），砌块墙清单工程量计算正确的是（　　）。

A. 墙体内拉结筋不另列项计算

B. 压砌钢筋网片不另列项计算

C. 勾缝应列入工作内容

D. 垂直灰缝灌细石混凝土工程量不另列项计算

【解析】　参见教材第 375 页。

63. **【2018 年真题】**根据《房屋建筑与装饰工程工程量计算规范》（GB 50854—2013），砌筑工程量计算正确的是（　　）。

A. 砖地沟按设计图示尺寸以水平投影面积计算

B. 砖地坪按设计图示尺寸以体积计算

C. 石挡土墙按设计图示尺寸以面积计算

D. 石坡道按设计图示尺寸以面积计算

【解析】　参见教材第 374 页。

64. **【2017 年真题】**根据《房屋建筑与装饰工程工程量计算规范》（GB 50854—2013），砖基础工程量计算正确的是（　　）。

A. 外墙基础断面积（含大放脚）乘以外墙中心线长度以体积计算

B. 内墙基础断面积（大放脚部分扣除）乘以内墙净长线以体积计算

C. 地圈梁部分体积并入基础计算

D. 靠墙暖气沟挑檐体积并入基础计算

【解析】　参见教材第 373 页。

65. **【2017 年真题】**根据《房屋建筑与装饰工程工程量计算规范》（GB 50854—2013），实心砖墙工程量计算正确的是（　　）。

A. 凸出墙面的砖垛单独列项

B. 框架梁间内墙按梁间墙体积计算

C. 围墙扣除柱所占体积

D. 平屋顶外墙算至钢筋混凝土板顶面

【解析】　参见教材第 374 页。

66. **【2017 年真题】**根据《房屋建筑与装饰工程工程量计算规范》（GB 50854—2013），砌筑工程垫层工程量应（　　）。

A. 按基坑（槽）底设计图示尺寸以面积计算

B. 按垫层设计宽度乘以中心线长度以面积计算

C. 按设计图示尺寸以体积计算

D. 按实际铺设垫层面积计算

【解析】　参见教材第 376 页。

67. **【2016 年真题】**根据《房屋建筑与装饰工程工程量计算规范》（GB 50854—2013），

关于砌墙工程量计算，说法正确的是（　　）。

A. 扣除凹进墙内的管槽、暖气槽所占体积

B. 扣除伸入墙内的梁头、板头所占体积

C. 扣除凸出墙面砌垛体积

D. 扣除檩头、垫木所占体积

【解析】 参见教材第 374 页。

68. **【2015 年真题】**根据《房屋建筑与装饰工程工程量计算规范》（GB 50854—2013）规定，关于砖砌体工程量计算说法正确的为（　　）。

A. 砖基础工程量中不含基础砂浆防潮层所占体积

B. 使用同一种材料的基础与墙身以设计室内地面为分界

C. 实心砖墙的工程量中不应计入凸出墙面的砖垛体积

D. 坡屋面有屋架的外墙高由基础顶面算至屋架下弦底面

【解析】 参见教材第 375 页。

69. **【2015 年真题】**根据《房屋建筑与装饰工程工程量计算规范》（GB 50854—2013）规定，关于砌块墙高度计算正确的为（　　）。

A. 外墙从基础顶面算至平屋面板底面

B. 女儿墙从屋面板顶面算至压顶顶面

C. 围墙从基础顶面算至混凝土压顶上表面

D. 外山墙从基础顶面算至山墙最高点

【解析】 参见教材第 374 页。

70. **【2015 年真题】**根据《房屋建筑与装饰工程工程量计算规范》（GB 50854—2013）规定，关于石砌体工程量计算正确的为（　　）。

A. 挡土墙按设计图示中心线长度计算

B. 勒脚工程量按设计图示尺寸以延长米计算

C. 石围墙内外地坪标高之差为挡土墙墙高时，墙身与基础以较低地坪标高为界

D. 石护坡工程量按设计图示尺寸以体积计算

【解析】 参见教材第 376 页。

71. **【2013 年真题】**根据《房屋建筑与装饰工程工程量计算规范》（GB 50854—2013），关于砖砌体工程量计算的说法，正确的是（　　）。

A. 空斗墙按设计图示尺寸以外形体积计算，其中门窗洞口里边的实砌部分不计入

B. 空花墙按设计图示尺寸以外形体积计算，其中空洞部分体积应予以扣除

C. 实心砖柱按设计图示尺寸以体积计算，钢筋混凝土梁垫、梁头所占体积应予以扣除

D. 空心砖围墙中心线长乘以高以面积计算

【解析】 参见教材第 374 页。

72. **【2013 年真题】**根据《房屋建筑与装饰工程工程量计算规范》（GB 50854—2013），

关于石砌体工程量计算的说法，正确的是（　　）。

A. 石台阶按设计图示水平投影面积计算

B. 石坡道按水平投影面积乘以平均厚度以体积计算

C. 石地沟、明沟按设计尺寸以水平投影面积计算

D. 一般石栏杆按设计图示尺寸以长度计算

【解析】 参见教材第 368 页。

73. **【2012 年真题】**根据《建设工程工程量清单计价规范》（GB 50500—2013）附录 A，关于实心砖墙高度计算的说法，正确的是（　　）。

A. 有屋架且室内外均有天棚者，外墙高度算至屋架下弦底另加 100mm

B. 有屋架且无天棚者，外墙高度算至屋架下弦底另加 200mm

C. 无屋架者，内墙高度算至天棚底另加 300mm

D. 女儿墙高度从屋面板上表面算至混凝土压顶下表面

【解析】 参见教材第 374 页。

74. **【2011 年真题】**根据《建设工程工程量清单计价规范》（GB 50500—2013），砖基础工程量计算正确的有（　　）。

A. 按设计图示尺寸以体积计算

B. 扣除大放脚 T 形接头处的重叠部分

C. 内墙基础长度按净长线计算

D. 材料相同时，基础与墙身划分通常以设计室内地坪为界

E. 基础工程量不扣除构造柱所占面积

【解析】 参见教材第 373、375 页。

75. **【2010 年真题】**根据《建设工程工程量清单计价规范》（GB 50500—2013），实心砖外墙高度的计算正确的是（　　）。

A. 平屋面算至钢筋混凝土板顶

B. 无天棚者算至屋架下弦底另加 200mm

C. 内外山墙按其平均高度计算

D. 有屋架且室内外均有天棚者算至屋架下弦底另加 300mm

【解析】 参见教材第 374 页。

76. **【2010 年真题】**据《建设工程工程量清单计价规范》（GB 50500—2013），有关分项工程工程量的计算正确的有（　　）。

A. 预制混凝土楼梯按设计图示尺寸以体积计算

B. 灰土挤密桩按设计图示尺寸以桩长（包括桩尖）计算

C. 石材勒脚按设计图示尺寸以面积计算

D. 保温隔热墙按设计图示尺寸以面积计算

E. 砖地沟按设计图示尺寸以面积计算

【解析】 参见教材第 367、374、375、384 页。

77. **【2009 年真题】** 根据《建设工程工程量清单计价规范》（GB 50500—2013），下列关于砖基础工程量计算中的基础与墙身的划分正确的是（　　）。

A. 以设计室内地坪为界（包括有地下室建筑）

B. 基础与墙身使用材料不同时，以材料界面为界

C. 基础与墙身使用材料不同时，以材料界面另加 300mm 为界

D. 围墙基础应以设计室外地坪为界

【解析】 参见教材第 375 页。

78. **【2008 年真题】** 根据《建设工程工程量清单计价规范》，计算砖围墙砖基础工程量时，其基础与砖墙的界限划分应为（　　）。

A. 以室外地坪为界

B. 以不同材料界面为界

C. 以围墙内地坪为界

D. 以室内地坪以上 300mm 为界

【解析】 参见教材第 375 页。

79. **【2008 年真题】** 根据《建设工程工程量清单计价规范》，实心砖外墙高度的计算正确的是（　　）。

A. 坡屋面无檐口天棚的算至屋面板底

B. 坡屋面有屋架且有天棚的算至屋架下弦底

C. 坡屋面有屋架无天棚的算至屋架下弦底另加 200mm

D. 平屋面算至钢筋混凝土板顶

【解析】 参见教材第 374 页。

80. **【2008 年真题】** 根据《建设工程工程量清单计价规范》，零星砌砖项目中的台阶工程量的计算正确的是（　　）。

A. 按实砌体积并入基础工程量中计算

B. 按砌筑纵向长度以米计算

C. 按水平投影面积以平方米计算

D. 按设计尺寸体积以立方米计算

【解析】 参见教材第 374 页。

81. **【2008 年真题】** 根据《建设工程工程量清单计价规范》，砖基础砌筑工程量按设计图示尺寸以体积计算，但应扣除（　　）。

A. 地梁所占体积

B. 构造柱所占体积

C. 嵌入基础内的管道所占体积

D. 砂浆防潮层所占体积

E. 圈梁所占体积

【解析】 参见教材第 373 页。

82. **【2007年真题】**已知某砖外墙中心线总长60m，设计采用毛石混凝土基础，基础底层标高-1.4m，毛石混凝土与砖砌筑的分界面标高-0.24m，室内地坪0.00m。墙顶面标高3.3m。厚0.37m，按照《建设工程工程量清单计价规范》计算规则，则砖墙工程量为（　　）。

A. 67.93m³　　B. 73.26m³

C. 78.59m³　　D. 104.34m³

【解析】（3.3+0.24）×0.37×60=78.59（m³）。

83. **【2007年真题】**根据《建设工程工程量清单计价规范》，以下关于砖砌体工程量计算，正确的说法是（　　）。

A. 砖砌台阶按设计图示尺寸以体积计算

B. 砖散水按设计图示尺寸以体积计算

C. 砖地沟按设计图示尺寸以中心线长度计算

D. 砖明沟按设计图示尺寸以水平面积计算

【解析】参见教材第374页。

84. **【2006年真题】**基础与墙体使用不同材料时，工程量计算规则规定以不同材料为界分别计算基础和墙体工程量，范围是（　　）。

A. 室内地坪±300mm以内

B. 室内地坪±300mm以外

C. 室外地坪±300mm以内

D. 室外地坪±300mm以外

【解析】参见教材第375页。

85. **【2006年真题】**计算砌块墙外墙高度时，正确的方法是（　　）。

A. 屋面无天棚者外墙高度算至屋架下弦底另加200mm

B. 平屋顶外墙高度算至钢筋混凝土板底

C. 平屋顶外墙高度算至钢筋混凝土板顶

D. 女儿墙从屋面板上表面算至混凝土压顶上表面

【解析】参见教材第374页。

86. **【2005年真题】**根据《建设工程工程量清单计价规范》的有关规定，下列项目工程量清单计算时，以m²为计量单位的有（　　）。

A. 预裂爆破　　B. 砖砌散水　　C. 砖砌地沟

D. 石坡道　　E. 现浇混凝土楼梯

【解析】参见教材第374、376、383页。

87. **【2004年真题】**计算空斗墙的工程量（　　）。

A. 应按设计图示尺寸以实砌体积计算

B. 应按设计图示尺寸以外形体积计算

C. 应扣除内外墙交接处部分

D. 应扣除门窗洞口立边部分

【解析】 参见教材第 374 页。

88. 【2004 年真题】凸出墙面但不能另行计算工程量并入墙体的砌体有（　　）。

A. 腰线　　B. 砖过梁　　C. 压顶

D. 砖垛　　E. 虎头砖

【解析】 参见教材第 374 页。

89. 【2022 年真题】根据《房屋建筑与装饰工程工程量计算规范》（GB 50854—2013），关于混凝土墙的工程量，下列说法正确的是（　　）。

A. 现浇混凝土墙包括直形墙、异形墙、短肢剪力墙和挡土墙

B. 墙垛突出墙面部分并入墙体体积内

C. 短肢剪力墙厚度小于或等于 250mm

D. 短肢剪力墙截面高度与厚度之比最小值小于 4

【解析】 参见教材第 380 页。

90. 【2022 年真题】根据《房屋建筑与装饰工程消耗量定额》（TY01—31—2015）中规定，如设计图纸及规范要求未标明的，ϕ8 的长钢筋，每计算一个钢筋接头，则对应的钢筋长度按（　　）米计算。

A. 8　　B. 9

C. 12　　D. 14

【解析】 参见教材第 385 页。

91. 【2022 年真题】根据《房屋建筑与装饰工程工程量计算规范》（GB 50854—2013），关于钢筋工程量，下列说法正确的是（　　）。

A. 钢筋网片按钢筋规格不同以 m^2 计算

B. 混凝土保护层厚度是指结构构件中最外层钢筋外边缘至混凝土外表面的距离

C. 碳素钢丝用墩头锚具时，钢丝长度按孔道长度增 0.5m 计算

D. 声测管按设计图示尺寸以 m 计算

【解析】 参见教材第 385、386 页。

92. 【2021 年真题】根据《房屋建筑与装饰工程工程量计算规范》（GB 50854—2013），关于现浇钢筋混凝土柱的工程量计算下列说法正确的是（　　）。

A. 有梁板的柱高为自柱基上表面至柱顶之间的高度

B. 无梁板的柱高为自柱基上表面至柱帽上表面之间的高度

C. 框架柱的柱高为自柱基上表面至柱顶的高度

D. 构造柱嵌接墙体部分并入墙身体积计算

【解析】 参见教材第 379 页。

93. 【2021 年真题】根据《房屋建筑与装饰工程工程量计算规范》（GB 50854—2013），下列关于现浇混凝土其他构件工程量的计算规则，正确的是（　　）。

A. 架空式混凝土台阶按现浇楼梯计算

B. 围墙压顶按设计图示尺寸的中心线以延长米计算

C. 坡道按设计图示尺寸斜面积计算

D. 台阶按设计图示尺寸的展开面积计算

E. 电缆沟、地沟按设计图示尺寸的中心线长度计算

【解析】 参见教材第383、384页。

94. **【2020年真题】**根据《房屋建筑与装饰工程工程量计算规范》(GB 50854—2013),地下连续墙项目工程量计算,说法正确的为( )。

A. 工程量按设计图示围护结构展开面积计算

B. 工程量按连续墙中心线长度乘以高度以面积计算

C. 钢筋网的制作及安装不另计算

D. 工程量按设计图示墙中心线长乘以厚度乘以槽深以体积计算

【解析】 参见教材第367页。

95. **【2020年真题】**根据《房屋建筑与装饰工程工程量计算规范》(GB 50854—2013),现浇混凝土过梁工程量计算正确的是( )。

A. 伸入墙内的梁头计入梁体积

B. 墙内部分的梁垫按其他构件项目列项

C. 梁内钢筋所占体积予以扣除

D. 按设计图示中心线计算

【解析】 参见教材第379页。

96. **【2020年真题】**现浇混凝土雨篷工程量计算正确的是( )。

A. 并入墙体工程量,不单独列项

B. 按水平投影面积计算

C. 按设计图纸尺寸以墙外部分体积计算

D. 扣除伸出墙外的牛腿体积

【解析】 参见教材第381页。

97. **【2020年真题】**根据《房屋建筑与装饰工程工程量计算规范》(GB 50854—2013),现浇混凝土构件工程量计算正确的为( )。

A. 坡道按设计图示尺寸以“m^3”计算

B. 架空式台阶按现浇楼梯计算

C. 室外地坪按设计图示面积乘以厚度以“m^3”计算

D. 地沟按设计图示结构截面积乘以中心线长度以“m^3”计算

【解析】 参见教材第384页。

98. **【2020年真题】**根据《房屋建筑与装饰工程工程量计算规范》(GB 50854—2013),预制混凝土三角形屋架应( )。

A. 按组合屋架列项　　B. 按薄腹屋架列项

C. 按天窗屋架列项　　D. 按折线形屋架列项

【解析】 参见教材第 384 页。

99. **【2019 年真题】** 根据《房屋建筑与装饰工程工程量计算规范》（GB 50854—2013），现浇混凝土短肢剪力墙工程量计算正确的是（　　）。

A. 短肢剪力墙按现浇混凝土异形墙列项

B. 各肢截面高度与厚度之比大于 5 时按现浇混凝土矩形柱列项

C. 各肢截面高度与厚度之比小于 4 时按现浇混凝土墙列项

D. 各肢截面高度与厚度之比为 4.5 时，按短肢剪力墙列项

【解析】 参见教材第 380 页。

100. **【2019 年真题】** 根据《房屋建筑与装饰工程工程量计算规范》（GB 50854—2013），现浇混凝土构件清单工程量计算正确的是（　　）。

A. 建筑物散水工程量并入地坪不单独计算

B. 室外台阶工程量并入室外楼梯工程量

C. 压顶工程量可按设计图示尺寸以体积计算，以“m^3”计量

D. 室外坡道工程量不单独计算

【解析】 参见教材第 383 页。

101. **【2019 年真题】** 关于混凝土保护层厚度，下列说法正确的是（　　）。

A. 现浇混凝土柱中钢筋的混凝土保护层厚度指纵向主筋至混凝土外表面的距离

B. 基础中钢筋的混凝土保护层厚度应从垫层顶面算起，且不应小于 30mm

C. 混凝土保护层厚度与混凝土结构设计使用年限无关

D. 混凝土构件中受力钢筋的保护层厚度不应小于钢筋的公称直径

【解析】 参见教材第 386 页。

102. **【2019 年真题】** 根据《房屋建筑与装饰工程工程量计算规范》（GB 50854—2013），钢筋工程量计算正确的是（　　）。

A. 钢筋机械连接需单独列项计算工程量

B. 设计未标明连接的均按每 12m 计算 1 个接头

C. 框架梁贯通钢筋长度不含两端锚固长度

D. 框架梁贯通钢筋长度不含搭接长度

【解析】 参见教材第 385、392 页。

103. **【2019 年真题】** 根据《房屋建筑与装饰工程工程量计算规范》（GB 50854—2013），现浇混凝土板清单工程量计算正确的有（　　）。

A. 压形钢板混凝土楼板扣除钢板所占体积

B. 空心板不扣除空心部分体积

C. 雨篷反挑檐的体积并入雨篷内一并计算

D. 悬挑板不包括伸出墙外的牛腿体积

E. 挑檐板按设计图尺寸以体积计算

【解析】 参见教材第 381 页。

104. **【2018 年真题】** 根据《房屋建筑与装饰工程工程量计算规范》(GB 50854—2013),预制混凝土构件工程量计算正确的为( )。

A. 过梁按照设计图示尺寸以中心线长度计算

B. 平板按照设计图示以水平投影面积计算

C. 楼梯按照设计图示尺寸以体积计算

D. 井盖板按设计图示尺寸以面积计算

【解析】 参见教材第 384 页。

105. **【2018 年真题】** 根据《房屋建筑与装饰工程工程量计算规范》(GB 50854—2013),钢筋工程中钢筋网片工程量( )。

A. 不单独计算

B. 按设计图示以数量计算

C. 按设计图是面积乘以单位理论质量计算

D. 按设计图示尺寸以片计算

【解析】 参见教材第 385 页。

106. **【2017 年真题】** 根据《房屋建筑与装饰工程工程量计算规范》(GB 50854—2013),混凝土框架柱工程量应( )。

A. 按设计图示尺寸扣除板厚所占部分以体积计算

B. 区别不同截面以长度计算

C. 按设计图示尺寸不扣除梁所占部分以体积计算

D. 按柱基上表面至梁底面部分以体积计算

【解析】 参见教材第 378、379 页。

107. **【2017 年真题】** 根据《房屋建筑与装饰工程工程量计算规范》(GB 50854—2013),现浇混凝土墙工程量应( )。

A. 扣除突出墙面部分体积

B. 不扣除面积为 0.33m^2 孔洞体积

C. 伸入墙内的梁头计入

D. 扣除预埋铁件体积

【解析】 参见教材第 380 页。

108. **【2017 年真题】** 根据《房屋建筑与装饰工程工程量计算规范》(GB 50854—2013),现浇混凝土工程量计算正确的是( )。

A. 雨篷与圈梁连接时其工程量以梁中心为分界线

B. 阳台梁与圈梁连接部分并入圈梁工程量

C. 挑檐板按设计图示水平投影面积计算

D. 空心板按设计图示尺寸以体积计算，空心部分不予扣除

【解析】 参见教材第 381 页。

109. **【2017 年真题】** 根据《混凝土结构设计规范》(GB 50010—2010)。设计使用年限

为 50 年的二 b 环境类别条件下，混凝土梁柱最外层钢筋保护层最小厚度应为（　　）。

A. 25mm　　B. 35mm

C. 40mm　　D. 50mm

【解析】 参见教材第 386 页。

110. 【2017 年真题】根据《混凝土结构工程施工规范》（GB 50666—2011），一般构件的箍筋加工时，应使（　　）。

A. 弯钩的弯折角度不小于 45°

B. 弯钩的弯折角度不小于 90°

C. 弯折后平直段长度不小于 $25d$

D. 弯折后平直段长度不小于 $3d$

【解析】 参见教材第 391 页。

111. 【2017 年真题】根据《房屋建筑与装饰工程工程量计算规范》（GB 50854—2013），现浇混凝土构件工程量计算正确的有（　　）。

A. 构造柱按柱断面尺寸乘以全高以体积计算，嵌入墙体部分不计

B. 框架柱工程量按柱基上表面至柱顶以高度计算

C. 梁按设计图示尺寸以体积计算，主梁与次梁交接处按主梁体积计算

D. 混凝土弧形墙按垂直投影面积乘以墙厚以体积计算

E. 挑檐板按设计图示尺寸以体积计算

【解析】 参见教材第 378~381 页。

112. 【2016 年真题】根据《房屋建筑与装饰工程工程量计算规范》（GB 50854—2013），关于现浇混凝土柱高计算，说法正确的是（　　）。

A. 有梁板的柱高自楼板上表面至上一层楼板下表面之间的高度计算

B. 无梁板的柱高自楼板上表面至上一层楼板下表面之间的高度计算

C. 框架柱的柱高自柱基上表面至柱顶高度减去各层板厚的高度计算

D. 构造柱按全高计算

【解析】 参见教材第 379 页。

113. 【2016 年真题】根据《房屋建筑与装饰工程工程量计算规范》（GB 50854—2013），关于预制混凝土构件工程量计算，说法正确的是（　　）。

A. 如以构件数量作为计量单位，特征描述中必须说明单件体积

B. 异形柱应扣除构件内预埋铁件所占体积，铁件另计

C. 大型板应扣除单个尺寸≤300mm×300mm 的孔洞所占体积

D. 空心板不扣除空洞体积

【解析】 参见教材第 378、381 页。

114. 【2016 年真题】后张法施工预应力混凝土，孔道长度为 12.00m，采用后张混凝土自锚低合金钢筋。钢筋工程量计算的每孔钢筋长度为（　　）。

A. 12.00m　　B. 12.15m

C. 12.35m　　D. 13.00m

【解析】 参见教材第385页。

115. **【2016年真题】** 根据《房屋建筑与装饰工程工程量计算规范》(GB 50854—2013)。某钢筋混凝土梁长为12000mm。设计保护层厚为25mm，钢筋为A10@300，则该梁所配钢筋数量应为(　　)。

A. 40根　　B. 41根

C. 42根　　D. 300根

【解析】 (12000−25×2)/300=39.83，取整加1为41。

116. **【2015年真题】** 根据《房屋建筑与装饰工程工程量计算规范》(GB 50854—2013)规定，关于现浇混凝土基础的项目列项或工程量计算正确的为(　　)。

A. 箱式满堂基础中的墙按现浇混凝土墙列项

B. 箱式满堂基础中的梁按满堂基础列项

C. 框架式设备基础的基础部分按现浇混凝土墙列项

D. 框架式设备基础的柱和梁按设备基础列项

【解析】 参见教材第378页。

117. **【2015年真题】** 根据《房屋建筑与装饰工程工程量计算规范》(GB 50854—2013)规定，关于现浇混凝土柱的工程量计算正确的为(　　)。

A. 有梁板的柱按设计图示截面积乘以柱基上表面或楼板上表面至上一层楼板底面之间的高度以体积计算

B. 无梁板的柱按设计图示截面积乘以柱基上表面或楼板上表面至柱帽下表面之间的高度以体积计算

C. 框架柱按柱基上表面至柱顶高度以米计算

D. 构造柱按设计柱高以米计算

【解析】 参见教材第379页。

118. **【2015年真题】** 根据《房屋建筑与装饰工程工程量计算规范》(GB 50854—2013)规定，关于现浇混凝土板的工程量计算正确的为(　　)。

A. 栏板按设计图示尺寸以面积计算

B. 雨篷按设计外墙中心线外图示体积计算

C. 阳台板按设计外墙中心线外图示面积计算

D. 散水按设计图示尺寸以面积计算

【解析】 参见教材第381、383页。

119. **【2015年真题】** 根据《房屋建筑与装饰工程工程量计算规范》(GB 50854—2013)规定，关于现浇混凝土构件工程量计算正确的为(　　)。

A. 电缆沟、地沟按设计图示尺寸以面积计算

B. 台阶按设计图示尺寸以水平投影面积或体积计算

C. 压顶按设计图示尺寸以水平投影面积计算

D. 扶手按设计图示尺寸以体积计算

E. 检查井按设计图示尺寸以体积计算

【解析】 参见教材第383页。

120. 【2015年真题】根据《房屋建筑与装饰工程工程量计算规范》（GB 50854—2013）规定，关于钢筋保护或工程量计算正确的是（　　）。

A. ϕ20mm 钢筋一个半圆弯钩的增加长度为125mm

B. ϕ16mm 钢筋一个90°弯钩的增加长度为56mm

C. ϕ20mm 钢筋弯起45°，弯起高度为450mm，一侧弯起增加的长度为186.3mm

D. 通常情况下混凝土板的钢筋保护层厚度不小于15mm

E. 箍筋根数=构件长度/箍筋间距+1

【解析】 参见教材第391页。

121. 【2014年真题】根据《房屋建筑与装饰工程工程量计算规范》（GB 50854—2013）规定，关于现浇混凝土柱工程量计算，说法正确的是（　　）。

A. 有梁板矩形独立柱工程量按设计截面积乘以自柱基底面至板面高度以体积计算

B. 无梁板矩形柱工程量按柱设计截面积乘以自楼板上表面至柱帽上表面高度以体积计算

C. 框架柱工程量按柱设计截面积乘以自柱基底面至柱顶面高度以体积计算

D. 构造柱按设计尺寸自柱底面至顶面全高以体积计算

【解析】 参见教材第379页。

122. 【2014年真题】已知某现浇钢筋混凝土梁长6400mm，截面为800mm×1200mm，设计用ϕ12mm 箍筋，单位理论重量为0.888kg/m，单根箍筋两个弯钩增加长度共160mm，钢筋保护层厚为25mm，钢筋间距为200mm，则10根梁的箍筋工程量为（　　）。

A. 1.112t　　B. 1.117t

C. 1.160t　　D. 1.193t

【解析】 参见教材第391页。此考点教材有改动。箍筋根数=6400/200+1=33根，每根箍筋的长度=(1.2+0.8)×2−8×0.025+0.16=3.96（m），T=33×3.96×0.888×10/1000=1.16（t）。

123. 【2014年真题】根据《房屋建筑与装饰工程工程量计算规范》（GB 50854—2013）规定，关于预制混凝土构件工程量计算，说法正确的是（　　）。

A. 预制组合屋架，按设计图示尺寸以体积计算，不扣除预埋铁件所占体积

B. 预制网架板，按设计图示尺寸以体积计算，不扣除孔洞占体积

C. 预制空心板，按设计图示尺寸以体积计算，不扣除空心板孔洞所占体积

D. 预制混凝土楼梯，按设计图示尺寸以体积计算，不扣除空心踏步板空洞体积

【解析】 参见教材第384页。

124. 【2014年真题】关于现浇混凝土墙工程量计算，说法正确的有（　　）。

A. 一般的短肢剪力墙，按设计图示尺寸以体积计算

B. 直形墙、挡土墙按设计图示尺寸以体积计算

C. 弧形墙按墙厚不同以展开面积计算

D. 墙体工程量应扣除预埋铁件所占体积

E. 墙垛及突出墙面部分的体积不计算

【解析】 参见教材第 380 页。

125. **【2013 年真题】** 在计算钢筋工程量时，钢筋的密度（kg/m^3）可取（　　）。

A. 7580　　B. 7800

C. 7850　　D. 8750

【解析】 参见教材第 386 页。

126. **【2013 年真题】** 根据《房屋建筑与装饰工程工程量计算规范》（GB 50854—2013），关于现浇混凝土梁工程量计算的说法，正确的是（　　）。

A. 圈梁区分不同断面按设计中心线长度计算

B. 过梁工程不单独计算，并入墙体工程计算

C. 异形梁按设计图示尺寸以体积计算

D. 拱形梁按设计拱形轴线长度计算

【解析】 参见教材第 379 页。

127. **【2013 年真题】** 根据《房屋建筑与装饰工程工程量计算规范》（GB 50854—2013），关于现浇混凝土板工程量计算的说法，正确的是（　　）。

A. 空心板按图示尺寸以体积计算，扣除空心所占体积

B. 雨篷板从外墙内侧算至雨篷板结构外边线按面积计算

C. 阳台板按墙体中心线以外部图示面积计算

D. 天沟板按设计图示尺寸中心线长度计算

【解析】 参见教材第 381 页。

128. **【2012 年真题】** 根据《建设工程工程量清单计价规范》（GB 50500—2013）附录 A，建筑工程工程量按长度计算的项目有（　　）。

A. 砖砌地垄墙　　B. 石栏杆　　C. 石地沟、明沟

D. 现浇混凝土天沟　　E. 现浇混凝土地沟

【解析】 参见教材第 374、376、381、383 页。

129. **【2012 年真题】** 根据《建设工程工程量清单计价规范》（GB 50500—2013）附录 A，关于混凝土工程量计算的说法，正确的有（　　）。

A. 框架柱的柱高按自柱基上表面至上一层楼板上表面之间的高度计算

B. 依附柱上的牛腿及升板的柱帽，并入柱身体积内计算

C. 现浇混凝土无梁板按板和柱帽的体积之和计算

D. 预制混凝土楼梯按水平投影面积计算

E. 预制混凝土沟盖板、井盖板、井圈按设计图示尺寸以体积计算

【解析】 参见教材第 378、379、383、384 页。

130. 【2011 年真题】根据《建设工程工程量清单计价规范》（GB 50500—2013），现浇混凝土楼梯的工程量应（　　）。

A. 按设计图示尺寸以体积计算

B. 按设计图示尺寸以面积计算

C. 扣除宽度不小于 300mm 的楼梯井

D. 包含伸入墙内部分

【解析】 参见教材第 383 页。

131. 【2011 年真题】根据《建设工程工程量清单计价规范》（GB 50500—2013），现浇混凝土工程量计算正确的有（　　）。

A. 构造柱工程量包括嵌入墙体部分

B. 梁工程量不包括伸入墙内的梁头体积

C. 墙体工程量包括突出墙体体积

D. 有梁板按梁、板体积之和计算工程量

E. 无梁板伸入墙内的板头和柱帽并入板体积内计算

【解析】 参见教材第 379~381 页。

132. 【2010 年真题】根据《建设工程工程量清单计价规范》（GB 50500—2013），后张法预应力低合金钢筋长度的计算，正确的是（　　）。

A. 两端采用螺杆锚具时，钢筋长度按孔道长度计算

B. 采用后张混凝土自锚时，钢筋长度按孔道长度增加 0.35m 计算

C. 两端采用帮条锚具时，钢筋长度按孔道长度增加 0.15m 计算

D. 采用 JM 型锚具，孔道长度在 20m 以内时，钢筋长度增加 1.80m 计算

【解析】 参见教材第 385 页。

133. 【2010 年真题】根据《混凝土结构工程施工及验收规范》，直径为 d 的 I 级钢筋做受力筋，两端设有弯钩，弯钩增加长为 $4.9d$，其弯起角度应是（　　）。

A. 90°　　　　B. 120°

C. 135°　　　　D. 180°

【解析】 参见教材第 387 页。

134. 【2010 年真题】某根 C40 钢筋混凝土单梁长 6m，受压区布置 2Φ12 钢筋（设半圆弯钩），已知 ϕ12mm 钢筋的理论质量 0.888kg/m，则 2Φ12 钢筋的工程量是（　　）。

A. 10.72kg　　　　B. 10.78kg

C. 10.80kg　　　　D. 10.83kg

【解析】 $(6-0.025\times2+6.25\times0.012\times2)\times2\times0.888=10.83$（kg）。

135. 【2009 年真题】根据《建设工程工程量清单计价规范》（GB 50500—2013），下列关于混凝土及钢筋混凝土工程量计算，正确的是（　　）。

A. 天沟、挑檐板按设计厚度以面积计算

B. 现浇混凝土墙的工程量不包括墙垛体积

C. 散水、坡道按图示尺寸以面积计算

D. 地沟按设计图示以中心线长度计算

E. 沟盖板、井盖板以个计算

【解析】 参见教材第 381、383、384 页。

136. 【2008 年真题】根据《建设上程工程量清单计价规范》，混凝土及钢筋混凝土工程量的计算，正确的是（ ）。

A. 现浇有梁板主梁、次梁按体积并入楼板工程量中计算

B. 无梁板柱帽按体积并入零星项目工程量中计算

C. 弧形楼梯不扣除宽度小于 300mm 的楼梯井

D. 整体楼梯按水平投影面积计算，不包括与楼板连接的梯梁所占面积

【解析】 参见教材第 381、383 页。

137. 【2008 年真题】根据《建设工程工程量清单计价规范》，钢筋工程量的计算正确的是（ ）。

A. 碳素钢丝束采用镦头锚具时，其长度按孔道长度增加 0. 30m 计算

B. 直径为 d 的 I 级受力钢筋，端头 90°弯钩形式，其弯钩增加长度为 3. 5d

C. 纵向受压钢筋长度不应小于纵向受拉钢筋搭接长度的 60%，且不应小于 200mm

D. 钢筋混凝土梁柱的箍筋长度仅按梁柱设计断面外围周长计算

【解析】 参见教材第 385、387、391 页。

138. 【2008 年真题】根据设计规范，按室内正常环境条件下设计的钢筋混凝土构件，混凝土保护层厚度为 20mm 的是（ ）。

A. 板　　B. 墙　　C. 梁

D. 柱　　E. 有垫层的基础

【解析】 参见教材第 386 页表 5. 3. 14。

139. 【2007 年真题】根据《建设工程工程量清单计价规范》。以下关于现浇混凝土工程量计算。正确的说法是（ ）。

A. 有梁板柱高自柱基上表面至上层楼板上表面

B. 无梁板柱高自柱基上表面至上层接板下表面

C. 框架柱柱高自柱基上表面至上层楼板上表面

D. 构造柱柱高自柱基上表面至顶层楼板下表面

【解析】 参见教材第 379 页。

140. 【2007 年真题】根据《建设工程工程量清单计价规范》，以下建筑工程工程量计算正确的是（ ）。

A. 砖围墙如有混凝土压顶时算至压顶上表面

B. 砖基础的垫层通常包括在基础工程量中不另行计算

C. 砖墙外凸出墙面的砖垛应按体积并入墙体内计算

D. 砖地坪通常按设计图示尺寸以面积计算

E. 通风管、垃圾道通常按图示尺寸以长度计算

【解析】 参见教材第 374 页。

141. 【2007 年真题】根据《建设工程工程量清单计价规范》，以下关于工程量计算，正确的说法是（　　）。

A. 现浇混凝土整体楼梯按设计图示的水平投影面积计算，包括休息平台、平台梁、斜梁和连接梁

B. 散水、坡道按设计图示尺寸以面积计算。不扣除单个面积在 0.3m^2 以内的孔洞面积

C. 电缆沟、地沟和后浇带均按设计图示尺寸以长度计算

D. 混凝土台阶按设计图示尺寸以体积计算

E. 混凝土压顶按设计图示尺寸以体积计算

【解析】 参见教材第 383、384 页。

142. 【2006 年真题】现浇混凝土挑檐、雨篷与圈梁连接时，其工程量计算的分界线应为（　　）。

A. 圈梁外边线　　B. 圈梁内边线

C. 外墙外边线　　D. 板内边线

【解析】 参见教材第 381 页。

143. 【2006 年真题】下列现浇混凝土板工程量计算规则中，正确的说法是（　　）。

A. 天沟、挑檐按设计图示尺寸以面积计算

B. 雨篷、阳台板按设计图示尺寸以墙外部分体积计算

C. 现浇挑檐、天沟板与板连接时，以板的外边线为界

D. 伸出墙外的阳台牛腿和雨篷反挑檐不计算

【解析】 参见教材第 381 页。

144. 【2006 年真题】计算现浇混凝土楼梯工程量时，正确的做法是（　　）。

A. 以斜面积计算

B. 扣除宽度小于 500mm 的楼梯井

C. 伸入墙内部分不另增加

D. 整体楼梯不包括连接梁

【解析】 参见教材第 383 页。

145. 【2006 年真题】计算预制混凝土楼梯工程量时，应扣除（　　）。

A. 构件内钢筋所占体积

B. 空心踏步板空洞体积

C. 构件内预埋铁件所占体积

D. 300mm×300mm 以内孔洞体积

【解析】 参见教材第 384 页。

146. 【2006 年真题】计算混凝土工程量时，正确的工程量清单计算规则是（　　）。

A. 现浇混凝土构造柱不扣除预埋铁件体积

B. 无梁板的柱高自楼板上表面算至柱帽下表面

C. 伸入墙内的现浇混凝土梁头的体积不计算

D. 现浇混凝土墙墙垛及突出部分不计算

E. 现浇混凝土楼梯伸入墙内部分不计算

【解析】 参见教材第 379~383 页。

147. **【2005 年真题】** 根据《建设工程工程量清单计价规范》的有关规定，下列项目工程量清单计算时，以 m^3 为计量单位的有（　　）。

A. 预制混凝土楼梯

B. 现浇混凝土楼梯

C. 现浇混凝土雨篷

D. 现浇混凝土坡道

E. 现浇混凝土地沟

【解析】 参见教材第 381、383、384 页。

148. **【2004 年真题】** 现浇钢筋混凝土楼梯的工程量应按设计图示尺寸（　　）。

A. 以体积计算，不扣除宽度小于 500mm 的楼梯井

B. 以体积计算，扣除宽度小于 500mm 的楼梯井

C. 以水平投影面积计算，不扣除宽度小于 500mm 的楼梯井

D. 以水平投影面积计算，扣除宽度小于 500mm 的楼梯井

【解析】 参见教材第 383 页。

149. **【2004 年真题】** 关于钢筋混凝土工程量计算规则正确的说法是（　　）。

A. 无梁板体积包括板和柱帽的体积

B. 现浇混凝土楼梯按水平投影面积计算

C. 外挑雨篷上的反挑檐并入雨篷计算

D. 预制钢筋混凝土楼梯按设计图示尺寸以体积计算

E. 预制构件的吊钩应按预埋铁件以质量计算

【解析】 参见教材第 381、383、384 页。

150. **【2022 年真题】** 根据《房屋建筑与装饰工程工程量计算规范》（GB 50854—2013），钢网架项目特征必须进行描述的是（　　）。

A. 安装高度

B. 单件质量

C. 螺栓种类

D. 油漆品种

【解析】 参见教材第 397 页。

151. **【2019 年真题】** 根据《房屋建筑与装饰工程工程量计算规范》（GB 50854—2013），关于钢网架清单项，下列说法正确的是（　　）。

A. 钢网架项目特征中应明确探伤和防火要求

B. 钢网架铆钉应按设计图示个数以数量计量

C. 钢网架中螺栓按个数以数量计量

D. 钢网架按设计图示尺寸扣除孔眼部分以质量计量

【解析】 参见教材第 397 页。

152. 【2019 年真题】根据《房屋建筑与装饰工程工程量计算规范》（GB 50854—2013），金属结构钢管柱清单工程量计算时，不予计量的是（　　）。

A. 节点板　　B. 螺栓

C. 加强环　　D. 牛腿

【解析】 参见教材第 397 页。

153. 【2019 年真题】根据《房屋建筑与装饰工程工程量计算规范》（GB 50854—2013），压型钢板楼板清单工程量计算应（　　）。

A. 按设计图示数量计算，以“t”计量

B. 按设计图示规格计算、以“块”计量

C. 不扣除孔洞部分

D. 按设计图示以铺设水平投影面积计算，以“m^2”计量

【解析】 参见教材第 398 页。

154. 【2018 年真题】根据《房屋建筑与装饰工程工程量计算规范》（GB 50854—2013），钢屋架工程量计算应（　　）。

A. 不扣除孔眼的质量

B. 按设计用量计算螺栓质量

C. 按设计用量计算铆钉质量

D. 按设计用量计算焊条质量

【解析】 参见教材第 397 页。

155. 【2018 年真题】根据《房屋建筑与装饰工程工程量计算规范》（GB 50854—2013），压型钢板楼板工程量应（　　）。

A. 按设计图示尺寸以体积计算

B. 扣除所有柱、垛及孔洞所占面积

C. 按设计图示尺寸以铺设水平投影面积计算

D. 按设计图示尺寸以质量计算

【解析】 参见教材第 398 页。

156. 【2017 年真题】根据《房屋建筑与装饰工程工程量计算规范》（GB 50854—2013），球型节点钢网架工程量（　　）。

A. 按设计图示尺寸以质量计算

B. 按设计图示尺寸以榀计算

C. 按设计图示尺寸以铺设水平投影面积计算

D. 按设计图示构件尺寸以总长度计算

【解析】 参见教材第 397 页。

157. 【2016 年真题】根据《房屋建筑与装饰工程工程量计算规范》（GB 50854—2013）。关于金属结构工程量计算，说法正确的是（　　）。

A. 钢桁架工程量应增加铆钉质量

B. 钢桁架工程量中应扣除切边部分质量

C. 钢屋架工程量中螺栓质量不另计算

D. 钢屋架工程量中应扣除孔眼质量

【解析】 参见教材第 397 页。

158. **【2015 年真题】**根据《房屋建筑与装饰工程工程量计算规范》（GB 50854—2013）规定，关于金属结构工程量计算正确的为（　　）。

A. 钢吊车梁工程量应计入制动板、制动梁、制动桁架和车挡的工程量

B. 钢梁工程量中不计算铆钉、螺栓工程量

C. 压型钢板墙板工程量不计算包角、包边

D. 钢板天沟按设计图示尺寸以长度计算

E. 成品雨篷按设计图示尺寸以质量计算

【解析】 参见教材第 398 页。

159. **【2014 年真题】**根据《房屋建筑与装饰工程工程量计算规范》（GB 50854—2013）规定，关于金属结构工程量计算，说法正确的是（　　）。

A. 钢管柱牛腿工程量列入其他项目中

B. 钢网架按设计图示尺寸以质量计算

C. 金属结构工程量应扣除孔眼、切边质量

D. 金属结构工程量应增加铆钉、螺栓质量

【解析】 参见教材第 397、398 页。

160. **【2013 年真题】**根据《房屋建筑与装饰工程工程量计算规范》（GB 50854—2013），关于金属结构工程量计算的说法，正确的是（　　）。

A. 钢吊车梁工程量包括制动梁、制动桁架工程量

B. 钢管柱按设计图示尺寸以质量计算，扣除加强环、内衬管工程量

C. 空腹钢柱按设计图示尺寸以长度计算

D. 实腹钢柱按设计图示尺寸的长度计算，牛腿和悬臂梁质量另计

【解析】 参见教材第 397、398 页。

161. **【2012 年真题】**根据《建设工程工程量清单计价规范》（GB 50500—2013）附录 A，关于金属结构工程工程量计算的说法，错误的是（　　）。

A. 不扣除孔眼、切边、切肢的质量，焊条、铆钉、螺栓等质量不另增加

B. 钢管柱上牛腿的质量不增加

C. 压型钢板墙板，按设计图示尺寸以铺挂面积计算

D. 金属网按设计图示尺寸以面积计算

【解析】 参见教材第 397、398 页。

162. **【2009 年真题】**根据《建设工程工程量清单计价规范》（GB 50500—2013），下列关于压型钢板墙板工程量计算正确的是（　　）。

A. 按设计图示尺寸以质量计算

B. 按设计图示尺寸铺挂面积计算

C. 包角、包边部分按设计尺寸以质量计算

D. 窗台泛水部分按设计尺寸以面积计算

【解析】 参见教材第398页。

163. **【2008年真题】** 根据《建设工程工程量清单计价规范》，金属结构工程量的计算，正确的是（　　）。

A. 钢网架连接用铆钉、螺栓按质量并入钢网架工程量中计算

B. 依附于实腹钢柱上的牛腿及悬臂梁不另增加质量

C. 压型钢板楼板按设计图示尺寸以质量计算

D. 钢平台、钢走道按设计图示尺寸以质量计算

【解析】 参见教材第397、398页。

164. **【2007年真题】** 根据《建设工程工程量清单计价规范》，关于金属结构工程量计算，正确的说法是（　　）。

A. 压型钢板墙板按设计图示尺寸的铺挂面积计算

B. 钢屋架按设计图示规格、数量以榀计算

C. 钢天窗架按设计图示规格、数量以樘计算

D. 钢网架按设计图示尺寸的水平投影面积计算

【解析】 参见教材第397、398页。

165. **【2005年真题】** 根据《建设工程工程量清单计价规范》的有关规定，计算钢管柱的工程量清单时，所列部件均要计算重量并入钢管柱工程量内的有（　　）。

A. 节点板、焊条

B. 内衬管、牛腿

C. 螺栓、加强环

D. 不规则多边形钢板切边、铆钉

【解析】 参见教材第397页。

166. **【2004年真题】** 压型钢板墙板面积按（　　）。

A. 垂直投影面积计算

B. 外接规则矩形面积计算

C. 展开面积计算

D. 设计图示尺寸以铺挂面积计算

【解析】 参见教材第398页。

167. **【2019年真题】** 根据《房屋建筑与装饰工程工程量计算规范》（GB 50854—2013），非标准图设计木屋架项目特征中应描述（　　）。

A. 跨度　　　　B. 材料品种及规格

C. 运输和吊装要求　　　　D. 刨光要求

E. 防护材料种类

【解析】 参见教材第 400 页。非标准图设计木屋架项目特征需要描述木屋架的跨度、材料品种及规格、刨光要求、拉杆及夹板种类、防护材料种类。

168. **【2018 年真题】**根据《房屋建筑与装饰工程工程量计算规范》(GB 50854—2013),钢木屋架工程应（　　）。

A. 按设计图示数量计算

B. 按设计图示尺寸以体积计算

C. 按设计图示尺寸以下弦中心线的长度计算

D. 按设计图示尺寸以上部屋面斜面面积计算

【解析】 参见教材第 400 页。

169. **【2014 年真题】**根据《房屋建筑与装饰工程工程量计算规范》(GB 50854—2013)规定，有关木结构工程量计算，说法正确的是（　　）。

A. 木屋架的跨度应以墙或柱的支撑点间的距离计算

B. 木屋架的马尾、折角工程量不予计算

C. 钢木屋架钢拉杆、连接螺栓不单独列项计算

D. 木柱区分不同规格以高度计算

【解析】 参见教材第 400 页。

170. **【2021 年真题】**根据《房屋建筑与装饰工程工程量计算规范》(GB 50854—2013),下列关于门窗工程计算正确的有（　　）。

A. 金属门五金应单独列项计算

B. 木门门锁已包含在五金中，不另计算

C. 金属橱窗以“樘”计量，项目特征必须描述框外围展开面积

D. 木质门按门外围尺寸的面积计量

E. 防护铁丝门刷防护涂料应包括在综合单价中

【解析】 参见教材第 402、403 页。

171. **【2020 年真题】**根据《房屋建筑与装饰工程工程量计算规范》(GB 50854—2013),木门综合单价计算不包括（　　）。

A. 折页、插销安装　　B. 门碰珠、弓背拉手安装

C. 弹簧折页安装　　D. 门锁安装

【解析】 参见教材第 402 页。

172. **【2019 年真题】**根据《房屋建筑与装饰工程工程量计算规范》(GB 50854—2013),金属门清单工程量计算正确的是（　　）。

A. 门锁、拉手按金属门五金一并计算，不单列项

B. 按设计图示洞口尺寸以质量计算

C. 按设计门框或扇外围图示尺寸以质量计算

D. 钢质防火门和防盗门不按金属门列项

【解析】 参见教材第 402 页。

173. 【2019 年真题】根据《房屋建筑与装饰工程工程量计算规范》（GB 50854—2013），以“樘”计的金属橱窗项目特征中必须描述（　　）。

A. 洞口尺寸　　B. 玻璃面积

C. 窗设计数量　　D. 框外围展开面积

【解析】 参见教材第 402 页。

174. 【2018 年真题】根据《房屋建筑与装饰工程工程量计算规范》（GB 50854—2013），门窗工程量计算正确的是（　　）。

A. 木门框按设计图示洞口尺寸以面积计算

B. 金属纱窗按设计图示洞口尺寸以面积计算

C. 石材窗台板按设计图示以水平投影面积计算

D. 木门的门锁安装按设计图示数量计算

【解析】 参见教材第 402~404 页。

175. 【2016 年真题】根据《房屋建筑与装饰工程工程量计算规范》（GB 50854—2013）。关于门窗工程量计算，说法正确的是（　　）。

A. 木质门带套工程量应按套外围面积计算

B. 门窗工程量计量单位与项目特征描述无关

C. 门窗工程量按图示尺寸以面积为单位时，项目特征必须描述洞口尺寸

D. 门窗工作量以数量“樘”为单位时，项目特征必须描述洞口尺寸

【解析】 参见教材第 402、403 页。

176. 【2014 年真题】根据《房屋建筑与装饰工程工程量计算规范》（GB 50854—2013）规定，关于厂库房大门工程量计算，说法正确的是（　　）。

A. 防护铁丝门按设计数量以质量计算

B. 金属格栅门按设计图示门框以面积计算

C. 钢质花饰大门按设计图示数量以质量计算

D. 全钢板大门按设计图示洞口尺寸以面积计算

【解析】 参见教材第 403 页。

177. 【2014 年真题】根据《房屋建筑与装饰工程工程量计算规范》（GB 50854—2013）规定，关于金属窗工程量计算，说法正确的是（　　）。

A. 彩板钢窗按设计图示尺寸以框外围展开面积计算

B. 金属纱窗按框的外围尺寸以面积计算

C. 金属百叶窗按框外围尺寸以面积计算

D. 金属橱窗按设计图示洞口尺寸以面积计算

【解析】 参见教材第 404 页。

178. 【2011 年真题】根据《建设工程工程量清单计价规范》（GB 50500—2013），门窗工程的工程量计算正确的是（　　）。

A. 金属推拉窗按设计图示尺寸以窗净面积计算

B. 金属窗套按设计图示尺寸以展开面积计算

C. 铝合金属窗帘盒按设计图示尺寸以展开面积计算

D. 金属窗台板按设计图示尺寸数量计算

【解析】 参见教材第 404、405 页。

179. 【2008 年真题】根据《建设工程工程量清单计价规范》，装饰装修工程中门窗套工程量的计算，正确的是（　　）。

A. 按设计图示尺寸以长度计算

B. 按设计图示尺寸以投影面积计算

C. 按设计图示尺寸以展开面积计算

D. 并入门窗工程量不另计算

【解析】 参见教材第 404 页。

180. 【2022 年真题】根据《房屋建筑与装饰工程工程量计算规范》（GB 50854—2013），关于屋面防水层工程量计算，正确的是（　　）。

A. 应扣除屋面小气窗所占面积

B. 不扣除斜沟的面积

C. 屋面卷材空铺层所占面积另行计算

D. 屋面女儿墙泛水的弯起部分不计算

【解析】 参见教材第 407 页。

181. 【2021 年真题】根据《房屋建筑与装饰工程工程量计算规范》（GB 50854—2013），关于屋面工程量计算方法正确的为（　　）。

A. 瓦屋面按设计图示尺寸以水平投影面积计算

B. 膜结构屋面按设计图示尺寸以斜面积计算

C. 瓦屋面若是在木基层上铺瓦，木基层包含在综合单价中

D. 型材屋面的金属檩条工作内容包含了檩条制作、运输和安装

【解析】 参见教材第 406 页。

182. 【2020 年真题】根据《房屋建筑与装饰工程工程量计算规范》（GB 50854—2013），屋面防水工程量计算正确的为（　　）。

A. 斜屋面按水平投影面积计算

B. 女儿墙处弯起部分因单独列项计算

C. 防水卷材搭接用量不另行计算

D. 屋面伸缩缝弯起部分应单独列项计算

【解析】 参见教材第 407 页。

183. 【2020 年真题】根据《房屋建筑与装饰工程工程量计算规范》（GB 50854—2013），关于墙面变形缝防水防潮工程量计算正确的为（　　）。

A. 墙面卷材防水按设计图示尺寸以面积计算

B. 墙面防水搭接及附加层用量应另行计算

C. 墙面砂浆防水项目中，钢丝网不另行计算，在综合单价中考虑

D. 墙面变形缝按设计图示立面投影面积计算

E. 墙面变形缝若做双面，按设计图示长度尺寸乘以 2 计算

【解析】 参见教材第 407 页。

184. **【2019 年真题】**根据《房屋建筑与装饰工程工程量计算规范》（GB 50854—2013），屋面及防水清单工程量计算正确的有（　　）。

A. 屋面排水管按檐口至设计室外散水上表面垂直距离计算

B. 斜屋面卷材防水按屋面水平投影面积计算

C. 屋面排气管按设计图以数量计算

D. 屋面檐沟防水按设计图示尺寸以展开面积计算

E. 屋面变形缝按设计图示以长度计算

【解析】 参见教材第 407 页。

185. **【2018 年真题】**根据《房屋建筑与装饰工程工程量计算规范》（GB 50854—2013），斜屋面的卷材防水工程量应（　　）。

A. 按设计图示尺寸以水平投影面积计算

B. 按设计图示尺寸以斜面积计算

C. 扣除房上烟囱、风帽底座所面积

D. 扣除屋面小气窗、斜沟所占面积

【解析】 参见教材第 407 页。

186. **【2018 年真题】**根据《房屋建筑与装饰工程工程量计算规范》（GB 50854—2013），墙面防水工程量计算正确的有（　　）。

A. 墙面涂膜防水按设计图示尺寸以质量计算

B. 墙面砂浆防水按设计图示尺寸以体积计算

C. 墙面变形缝按设计图示尺寸以长度计算

D. 墙面卷材防水按设计图示尺寸以面积计算

E. 墙面防水搭接用量按设计图示尺寸以面积计算

【解析】 参见教材第 408 页。

187. **【2017 年真题】**根据《房屋建筑与装饰工程工程量计算规范》（GB 50854—2013），屋面防水及其他工程量计算正确的是（　　）。

A. 屋面卷材防水按设计示尺寸以面积计算，防水搭接及附加层用量按设计尺寸计算

B. 屋面排水管设计未标注尺寸，考虑弯折处的增加以长度计算

C. 屋面铁皮天沟按设计图示尺寸以展开面积计算

D. 屋面变形缝按设计尺寸以铺设面积计算

【解析】 参见教材第 407 页。

188. **【2016 年真题】**根据《房屋建筑与装饰工程工程量计算规范》（GB 50854—2013），

屋面防水工程量计算，说法正确的是（　　）。

A. 斜屋面卷材防水，工程量按水平投影面积计算

B. 平屋面涂膜防水，工程量不扣除烟囱所占面积

C. 平屋面女儿墙弯起部分卷材防水不计工程量

D. 平屋面伸缩缝卷材防水不计工程量

【解析】 参见教材第 407 页。

189. **【2014 年真题】**根据《房屋建筑与装饰工程工程量计算规范》(GB 50854—2013)规定，有关楼地面防水防潮工程量计算，说法正确的是（　　）。

A. 按设计图示尺寸以面积计算

B. 按主墙间净面积计算，搭接和反边部分不计

C. 反边高度≤300mm 部分不计算

D. 反边高度>300mm 部分计入楼地面防水

【解析】 参见教材第 408 页。

190. **【2014 年真题】**根据《房屋建筑与装饰工程工程量计算规范》(GB 50854—2013)规定，关于屋面防水工程量计算，说法正确的是（　　）。

A. 斜屋面卷材防水按水平投影面积计算

B. 女儿墙、伸缩缝等处卷材防水弯起部分不计

C. 屋面排水管按设计图示数量以根计算

D. 屋面变形缝卷材防水按设计图示尺寸以长度计算

【解析】 参见教材第 407 页。

191. **【2012 年真题】**根据《建设工程工程量清单计价规范》(GB 50500—2013)附录 A，关于屋面及防水工程工程量计算的说法，正确的是（　　）。

A. 瓦屋面、型材屋面按设计图示尺寸以水平投影面积计算

B. 屋面涂膜防水中，女儿墙的弯起部分不增加面积

C. 屋面排水管按设计图示尺寸以长度计算

D. 变形缝防水、防潮按面积计算

【解析】 参见教材第 405~407 页。

192. **【2011 年真题】**根据《建设工程工程量清单计价规范》(GB 50500—2013)，膜结构屋面的工程量应（　　）。

A. 按设计图示尺寸以斜面面积计算

B. 按设计图示以长度计算

C. 按设计图示尺寸以需要覆盖的水平面积计算

D. 按设计图示尺寸以面积计算

【解析】 参见教材第 405 页。

193. **【2011 年真题】**根据《建设工程工程量清单计价规范》(GB 50500—2013)，屋面及防水工程中变形缝的工程量应为（　　）。

A. 按设计图示尺寸以面积计算　　B. 按设计图示尺寸以体积计算

C. 按图示以长度计算　　D. 不计算

【解析】 参见教材第 407 页。

194. 【2010年真题】根据《建设工程工程量清单计价规范》（GB 50500—2013），防水卷材的计算，正确的是（　　）。

A. 平屋顶按水平投影面积计算

B. 平屋顶找坡按斜面积计算

C. 扣除烟囱、风洞所占面积

D. 女儿墙、伸缩缝的弯起部分不另增加

【解析】 参见教材第 407 页。

195. 【2010年真题】根据《建设工程工程量清单计价规范》（GB 50500—2013），有关屋面及防水工程工程量的计算，正确的有（　　）。

A. 瓦屋面按设计尺寸以斜面积计算

B. 屋面刚性防水按设计图示尺寸以面积计算，不扣除房上烟囱、风道所占面积

C. 膜结构屋面按设计图尺寸以需要覆盖的水平面积计算

D. 涂膜防水按设计图示尺寸以面积计算

E. 屋面排水管以檐口至设计室外地坪之间垂直距离计算

【解析】 参见教材第 405~407 页。

196. 【2009年真题】根据《建设工程工程量清单计价规范》（GB 50500—2013），下列有关分项工程工程量计算，正确的是（　　）。

A. 瓦屋面按设计图示尺寸以斜面积计算

B. 膜结构屋面按设计图示尺寸以需要覆盖的水平面积计算

C. 屋面排水管按设计室外散水上表面至檐口的垂直距离以长度计算

D. 变形缝防水按设计尺寸以面积计算

E. 柱保温按柱中心线高度计算

【解析】 参见教材第 405、407、410 页。

197. 【2008年真题】根据《建设工程工程量清单计价规范》（GB 50500—2013），屋面防水工程量的计算，正确的是（　　）。

A. 平、斜屋面卷材防水均按设计图示尺寸以水平投影面积计算

B. 屋面女儿墙、伸缩缝等处弯起部分卷材防水不另增加面积

C. 屋面排水管设计未标注尺寸的，以檐口至地面散水上表面垂直距离计算

D. 铁皮、卷材天沟按设计图示尺寸以长度计算

【解析】 参见教材第 405~407 页。

198. 【2007年真题】根据《建设工程工程量清单计价规范》（GB 50500—2013），屋面及防水工程量计算，正确的说法是（　　）。

A. 瓦屋面、型材屋面按设计图示尺寸的水平投影面积计算

B. 屋面刚性防水按设计图示尺寸以面积计算

C. 地面砂浆防水按设计图示面积乘以厚度以体积计算

D. 屋面天沟、檐沟按设计图示尺寸以长度计算

【解析】 参见教材第 405~409 页。

199. **【2006 年真题】**屋面及防水工程量计算中，正确的工程量清单计算规则是（　　）。

A. 瓦屋面、型材屋面按设计图示尺寸以水平投影面积计算

B. 膜结构屋面按设计尺寸以需要覆盖的水平面积计算

C. 斜屋面卷材防水按设计尺寸以斜面积计算

D. 屋面排水管按设计尺寸以理论质量计算

E. 屋面天沟按设计尺寸以面积计算

【解析】 参见教材第 405、407 页。

200. **【2021 年真题】**根据《房屋建筑与装饰工程工程量计算规范》（GB 50854—2013），关于保温隔热工程量计算方法正确的为（　　）。

A. 柱帽保温隔热包含在柱保温工程量内

B. 池槽保温隔热按其他保温隔热项目编码列项

C. 保温隔热墙面工程量计算时，门窗洞口侧壁不增加面积

D. 梁按设计图示梁断面周长乘以保温层长度以面积计算

【解析】 参见教材第 410 页。

201. **【2020 年真题】**根据《房屋建筑与装饰工程工程量计算规范》（GB 50854—2013），与墙相连的墙间柱保温隔热工程量计算正确的为（　　）。

A. 按设计图示尺寸以面积“m^2”单独计算

B. 按设计图示尺寸以柱高“m”单独计算

C. 不单独计算，并入保温墙体工程量内

D. 按计算图示柱展开面积“m^2”单独计算

【解析】 参见教材第 410 页。

202. **【2014 年真题】**根据《房屋建筑与装饰工程工程量计算规范》（GB 50854—2013）规定，有关防腐工程量计算，说法正确的是（　　）。

A. 隔离层平面防腐，门洞开口部分按图示面积计入

B. 隔离层立面防腐，门洞口侧壁部分不计算

C. 砌筑沥青浸渍砖，按图示水平投影面积计算

D. 立面防腐涂料，门洞侧壁按展开面积并入墙面积内

【解析】 参见教材第 410、411 页。

203. **【2014 年真题】**根据《房屋建筑与装饰工程工程量计算规范》（GB 50854—2013）规定，有关保温、隔热工程量计算，说法正确的是（　　）。

A. 与天棚相连的梁的保温工程量并入天棚工程量

B. 与墙相连的柱的保温工程量按柱工程量计算

C. 门窗洞口侧壁的保温工程量不计

D. 梁保温工程量按设计图示尺寸以梁的中心线长度计算

【解析】 参见教材第410页。

204. 【2011年真题】根据《建设工程工程量清单计价规范》（GB 50500—2013），防腐、隔热、保温工程中保温隔热墙的工程量应（　　）。

A. 按设计图示尺寸以体积计算

B. 按设计图示尺寸以墙体中心线长度计算

C. 按设计图示以墙体高度计算

D. 按设计图示尺寸以面积计算

【解析】 参见教材第410页。

205. 【2010年真题】根据《建设工程工程量清单计价规范》（GB 50500—2013），保温柱的工程量计算正确的是（　　）。

A. 按设计图示尺寸以体积计算

B. 按设计图示尺寸以保温层外边线展开长度乘以其高度计算

C. 按图示尺寸以柱面积计算

D. 按设计图示尺寸以保温层中心线展开长度乘以其高度计算

【解析】 参见教材410页。

206. 【2005年真题】根据《建设工程工程量清单计价规范》（GB 50500—2013）的有关规定，计算墙体保温隔热工程量清单时，对于有门窗洞口且其侧壁需做保温的，正确的计算方法是（　　）。

A. 扣除门窗洞口所占面积，不计算其侧壁保温隔热工程量

B. 扣除门窗洞口所占面积，计算其侧壁保温隔热工程量，将其并入保温墙体工程量内

C. 不扣除门窗洞口所占面积，不计算其侧壁保温隔热工程量

D. 不扣除门窗洞口所占面积，计算其侧壁保温隔热工程量

【解析】 参见教材第410页。

207. 【2004年真题】工程量按体积计算的是（　　）。

A. 防腐混凝土面层　　B. 防腐砂浆面层

C. 块料防腐面层　　D. 砌筑沥青浸渍砖

【解析】 参见教材第411页。

208. 【2021年真题】根据《房屋建筑与装饰工程工程量计算规范》（GB 50854—2013），楼地面装饰工程中，门洞、空圈、暖气包槽、壁龛应并入相应工程量的是（　　）。

A. 碎石材楼地面　　B. 水磨石楼地面

C. 细石混凝土楼地面　　D. 水泥砂浆楼地面

【解析】 参见教材第412、413页。

209. 【2018年真题】根据《房屋建筑与装饰工程工程量计算规范》（GB 50854—2013），踢脚线工程量应（　　）。

A. 不予计算

B. 并入地面面层工程量

C. 按设计图示尺寸以长度计算

D. 按设计图示长度乘以高度以面积计

【解析】 参见教材第 413 页。

210. 【2018 年真题】根据《房屋建筑与装饰工程工程量计算规范》(GB 50854—2013),楼地面装饰工程量计算正确的有(　　)。

A. 现浇水磨石楼地面按设计图示尺寸以面积计算

B. 细石混凝土楼地面按设计图示尺寸以体积计算

C. 块料台阶面按设计图示尺寸以展开面积计算

D. 金属踢脚线按延长米计算

E. 石材楼地面按设计图示尺寸以面积计算

【解析】 参见教材第 412~414 页。

211. 【2016 年真题】根据《房屋建筑与装饰工程工程量计算规范》(GB 50854—2013),关于装饰工程量计算,说法正确的有(　　)。

A. 自流坪地面按图示尺寸以面积计算

B. 整体面层按设计图示尺寸以面积计算

C. 块料踢脚线可按延长米计算

D. 石材台阶面装饰设计图示以台阶最上踏步外沿以外水平投影面积计算

E. 塑料板楼地面按设计图示尺寸以面积计算

【解析】 参见教材第 412~414 页。

212. 【2012 年真题】根据《建设工程工程量清单计价规范》(GB 50500—2013)附录 A,关于楼梯梯面装饰工程量计算的说法,正确的是(　　)。

A. 按设计图示尺寸以楼梯(不含楼梯井)水平投影面积计算

B. 按设计图示尺寸以楼梯梯段斜面积计算

C. 楼梯与楼地面连接时,算至梯口梁外侧边沿

D. 无梯口梁者,算至最上一层踏步边沿加 300mm

【解析】 参见教材第 413 页。

213. 【2012 年真题】根据《建设工程工程量清单计价规范》(GB 50500—2013)附录 A,关于楼地面装饰装修工程量计算的说法,正确的有(　　)。

A. 整体面层按面积计算,扣除 0.3m^2 以内的孔洞所占面积

B. 水泥砂浆楼地面门洞开口部分不增加面积

C. 块料面层不扣除凸出地面的设备基础所占面积

D. 橡塑面层门洞开口部分并入相应的工程量内

E. 地毯楼地面的门洞开口部分不增加面积

【解析】 参见教材第 412、413 页。

214.【2011年真题】根据《建设工程工程量清单计价规范》（GB 50500—2013），楼地面装饰装修工程的工程量计算，正确的是（　　）。

A. 水泥砂浆楼地面整体面层按设计图示尺寸以面积计算，不扣除设备基础和室内所占面积

B. 石材楼地面按设计图示尺寸以面积计算，不增加门洞开口部分所占面积

C. 金属复合地板按设计图示尺寸以面积计算，门洞、空圈部分所占面积不另增加

D. 水泥砂浆楼梯面按设计图示尺寸以楼梯（包括踏步、休息平台及500mm及以内的楼梯井）水平投影面积计算

【解析】 参见教材第412、413页。

215.【2011年真题】根据《建设工程工程量清单计价规范》（GB 50500—2013），装饰装修工程的工程量计算正确的有（　　）。

A. 金属踢脚线按设计图示尺寸以质量计算

B. 金属扶手带栏杆按设计图示尺寸以扶手中心线长度计算

C. 石材台阶面按设计图示尺寸以台阶水平投影面积计算

D. 楼梯、台阶侧面装饰按设计图示尺寸以面积计算

E. 柱面装饰抹灰按设计图示柱断面周长乘以高度以面积计算

【解析】 参见教材第414、416、423页。

216.【2009年真题】根据《建设工程工程量清单计价规范》（GB 50500—2013），下列关于有设备基础、地沟、间壁墙的水泥砂浆楼地面整体面层工程量计算，正确的是（　　）。

A. 按设计图示尺寸以面积计算，扣除设备基础、地沟所占面积，门洞开口部分不再增加

B. 按内墙净面积计算，设备基础、间壁墙、地沟所占面积不扣除，门洞开口部分不再增加

C. 按设计净面积计算，扣除设备基础、地沟、间壁墙所占面积，门洞开口部分不再增加

D. 按设计图示尺寸面积乘以设计厚度以体积计算

【解析】 参见教材第412、413页。

217.【2008年真题】根据《建设工程工程量清单计价规范》，计算楼地面工程量时，门洞、空圈、暖气包槽、壁龛开口部分面积并入相应工程量的项目是（　　）。

A. 细石混凝土地面　　B. 花岗石楼地面

C. 塑料板楼地面　　D. 楼地面化纤地毯

【解析】 参见教材第412、413页。

218.【2007年真题】根据《建设工程工程量清单计价规范》，楼地面踢脚线工程量应（　　）。

A. 按设计图示尺寸以体积计算

B. 按设计图示净长线长度计算

C. 区分不同材料和规格以净长线计算

D. 按设计图示长度乘以高度以面积计算

【解析】 参见教材第 413 页。

219. **【2021 年真题】**根据《房屋建筑与装饰工程工程量计算规范》(GB 50854—2013),关于抹灰工程量计算方法正确的是(　　)。

A. 柱面勾缝按图示尺寸以长度计算

B. 柱面抹麻刀石灰砂浆按柱面装饰抹灰列项

C. 飘窗凸出外墙面增加的抹灰在综合单价中考虑,不另计算

D. 有吊顶天棚的内墙面抹灰,抹至吊顶以上部分在综合单价中考虑

【解析】 参见教材第 414 页。

220. **【2020 年真题】**根据《房屋建筑与装饰工程工程量计算规范》(GB 50854—2013),墙面抹灰工程量计算正确的为(　　)。

A. 墙面抹灰中墙面勾缝不单独列项

B. 有吊顶顶棚的内墙面抹灰抹至吊顶以上部分应另行计算

C. 墙面水刷石按墙面装饰抹灰编码列项

D. 墙面抹石膏灰浆按墙面装饰抹灰编码列项

【解析】 参见教材第 414、415 页。

221. **【2020 年真题】**根据《房屋建筑与装饰工程工程量计算规范》(GB 50854—2013),幕墙工程工程量计算正确的为(　　)。

A. 应扣除与带骨架幕墙同种材质的窗所占面积

B. 带肋全玻幕墙玻璃肋工程量应单独计算

C. 带骨架幕墙按图示框内围尺寸以面积计算

D. 带肋全玻幕墙按展开面积计算

【解析】 参见教材第 417 页。

222. **【2020 年真题】**根据《房屋建筑与装饰工程工程量计算规范》(GB 50854—2013),关于柱面抹灰工程量计算正确的是(　　)。

A. 柱面勾缝忽略不计

B. 柱面抹灰石灰砂浆按柱面装饰抹灰编码列项

C. 柱面抹灰按设计断面周长乘以高度以面积计算

D. 柱面勾缝按设计断面周长乘以高度以面积计算

E. 柱面砂浆找平按设计断面周长乘以高度以面积计算

【解析】 参见教材第 415 页。

223. **【2016 年真题】**根据《房屋建筑与装饰工程工程量计算规范》(GB 50854—2013),墙面抹灰工程量的计算,说法正确的是(　　)。

A. 墙面抹灰工程量应扣除墙与构件交接处面积

B. 有墙裙的内墙抹灰按主墙间净长乘以墙裙顶至天棚底高度以面积计算

C. 内墙抹灰不单独计算

D. 外墙抹灰按外墙展开面积计算

【解析】 参见教材第414、415页。

224. 【2012年真题】根据《建设工程工程量清单计价规范》（GB 50500—2013）附录A，关于装饰装修工程量计算的说法正确的是（　　）。

A. 石材墙面按图示尺寸以体积计算

B. 墙面装饰抹灰工程量应扣除踢脚线所占面积

C. 干挂石材钢骨架按设计图示尺寸以质量计算

D. 装饰板墙面按设计图示面积计算，不扣除门窗洞口所占面积

【解析】 参见教材第415、416页。此考点不能只看教材，还要看清单计量规则。

225. 【2009年真题】根据《建设工程工程量清单计价规范》（GB 50500—2013），下列关于墙柱装饰工程量计算正确的是（　　）。

A. 柱饰面按柱设计高度以长度计算

B. 柱面抹灰按柱断面周长乘以高度以面积计算

C. 带肋全玻幕墙按外围尺寸以面积计算

D. 装饰板墙面按墙中心线长度乘以墙高以面积计算

【解析】 参见教材第416页。

226. 【2006年真题】计算墙面抹灰工程量时应扣除（　　）。

A. 墙裙　　B. 踢脚线　　C. 门洞口

D. 挂镜线　　E. 窗洞口

【解析】 参见教材第414页。

227. 【2005年真题】根据《建设工程工程量清单计价规范》的有关规定，工程量清单计算时，附墙柱侧面抹灰（　　）。

A. 不计算工程量，在综合单价中考虑

B. 计算工程量后并入柱面抹灰工程量

C. 计算工程量后并入墙面抹灰工程量

D. 计算工程量后并入零星抹灰工程量

【解析】 参见教材第414页。

228. 【2004年真题】柱面装饰板工程量应按设计图示饰面外围尺寸以面积计算，且（　　）。

A. 扣除柱帽、柱墩面积

B. 扣除柱帽、不扣除柱墩面积

C. 扣除柱墩、不扣除柱帽面积

D. 柱帽、柱墩并入相应柱饰面工程量内

【解析】 参见教材第416页。

229. 【2022年真题】根据《房屋建筑与装饰工程工程量计算规范》（GB 50854—2013），关于天棚抹灰工程量的计算说法正确的是（　　）。

A. 天棚抹灰按设计图示水平展开面积计算

B. 采光天棚骨架并入不单独列项

C. 锯齿形楼梯底板按斜面积计算

D. 天棚抹灰不扣除检查口面积

【解析】 参见教材第 417 页。

230. **【2021 年真题】**根据《房屋建筑与装饰工程工程量计算规范》(GB 50854—2013),关于天棚工程量计算方法,正确的为(　　)。

A. 带梁天棚梁两侧抹灰面积并入天棚面积内计算

B. 板式楼梯底面抹灰按设计图示尺寸以水平投影面积计算

C. 吊顶天棚中的灯带按照设计图示尺寸以长度计算

D. 吊顶天棚的送风口和回风口,按框外围展开面积计算

【解析】 参见教材第 418 页。

231. **【2020 年真题】**根据《房屋建筑与装饰工程工程量计算规范》(GB 50854—2013),计算采光顶棚工程量正确的是(　　)。

A. 按设计图示尺寸框外围展开面积计算

B. 按设计图示尺寸水平投影面积计算

C. 采光顶棚的骨架工程量计入顶棚工程量

D. 吊顶龙骨工程量另行计算。

【解析】 参见教材第 418 页。

232. **【2018 年真题】**根据《房屋建筑与装饰工程工程量计算规范》(GB 50854—2013),天棚抹灰工程量计算正确的是(　　)。

A. 扣除检查口和管道所占面积

B. 板式楼梯底面抹灰按水平投影面积计算

C. 扣除间壁墙、垛和柱所占面积

D. 锯齿形楼梯底板抹灰按展开面积计算

【解析】 参见教材第 417、418 页。

233. **【2014 年真题】**根据《房屋建筑与装饰工程工程量计算规范》(GB 50854—2013)规定,关于天棚装饰工程量计算,说法正确的是(　　)。

A. 灯带(槽)按设计图示尺寸以框外围面积计算

B. 灯带(槽)按设计图示尺寸以延长米计算

C. 送风口按设计图示尺寸以结构内边线面积计算

D. 回风口按设计图示尺寸以面积计算

【解析】 参见教材第 418 页。

234. **【2011 年真题】**根据《建设工程工程量清单计价规范》(GB 50500—2013),天棚抹灰工程量计算正确的是(　　)。

A. 带梁天棚、梁两侧抹灰面积不计算

B. 板式楼梯底面抹灰按水平投影面积计算

C. 锯齿形楼梯底板抹灰按展开面积计算

D. 间壁墙、附墙柱所占面积应予扣除

【解析】 参见教材第417、418页。

235. 【2009年真题】根据《建设工程工程量清单计价规范》（GB 50500—2013），下列关于装饰装修工程量计算正确的是（　　）。

A. 天棚抹灰应扣除垛、柱所占面积

B. 天棚灯带按设计图示以长度计算

C. 标准金属门按设计图示数量计算

D. 金属平开窗按设计图示洞口尺寸以面积计算

E. 铝合金窗帘盒按设计图示尺寸以面积计算

【解析】 参见教材第402、404、417、418页。

236. 【2005年真题】根据《建设工程工程量清单计价规范》的有关规定，天棚面层工程量清单计算中，下面说法正确的是（　　）。

A. 天棚面中的灯槽、跌级展开增加的面积另行计算并入天棚

B. 扣除间壁墙所占面积

C. 天棚检查孔、灯槽单独列项

D. 天棚面中的灯槽、跌级展开增加的面积不另计算

【解析】 参见教材第418页。

237. 【2022年真题】根据《房屋建筑与装饰工程工程量计算规范》（GB 50854—2013），关于油漆工程量，正确的是（　　）。

A. 木门油漆以“樘”计量，项目特征应描述相应的洞口尺寸

B. 木门油漆工作内容中未包含“刮腻子”，应单独计算

C. 壁柜油漆按设计图示尺寸以油漆部分的投影面积计算

D. 金属面油漆应包含在相应钢构件制作的清单内，不单独列项

【解析】 参见教材第420~422页。

238. 【2021年真题】根据《房屋建筑与装饰工程工程量计算规范》（GB 50854—2013），下列油漆工程量可以按“m^2”计量的是（　　）。

A. 木扶手油漆　　　　B. 挂衣板油漆

C. 封檐板油漆　　　　D. 木栅栏油漆

【解析】 参见教材第422页。

239. 【2016年真题】根据《房屋建筑与装饰工程工程量计算规范》（GB 50854—2013），关于涂料工程量的计算，说法正确的是（　　）。

A. 木材构件喷刷防火涂料按设计图示以面积计算

B. 金属构件刷防火涂料按构件单面外围面积计算

C. 空花格栏杆刷涂料按设计图示尺寸以双面面积计算

D. 线条刷涂料按设计展开面积计算

【解析】 参见教材第 421、422 页。

240. **【2013 年真题】** 根据《房屋建筑与装饰工程工程量计算规范》(GB 50854—2013)，关于油漆工程量计算的说法，正确的有（　　）。

A. 金属门油漆按设计图示洞口尺寸以面积计算

B. 封檐板油漆按设计图示尺寸以面积计算

C. 门窗套油漆按设计图示尺寸以面积计算

D. 木隔断油漆按设计图示尺寸以单面外围面积计算

E. 窗帘盒油漆按设计图示尺寸以面积计算

【解析】 参见教材第 420~422 页。

241. **【2009 年真题】** 根据《建设工程工程量清单计价规范》(GB 50500—2013)，按设计图示尺寸以长度计算油漆工程量的是（　　）。

A. 窗帘盒　　B. 木墙裙　　C. 踢脚线　　D. 木栏杆

【解析】 参见教材第 421、422 页。

242. **【2008 年真题】** 根据《建设工程工程量清单计价规范》，装饰装修工程中的油漆工程，其工程量应按图示尺寸以面积计算的有（　　）。

A. 门、窗　　B. 木地板　　C. 金属面

D. 水泥地　　E. 木扶手及板条

【解析】 参见教材第 420~422 页。

243. **【2007 年真题】** 根据《建设工程工程量清单计价规范》，以下关于装饰装修工程量计算，正确的说法是（　　）。

A. 门窗套按设计图示尺寸以展开面积计算

B. 木踢脚线油漆按设计图示尺寸以长度计算

C. 金属面油漆按设计图示构件以质量计算

D. 窗帘盒按设计图示尺寸以长度计算

E. 木门、木窗均按设计图示尺寸以面积计算

【解析】 参见教材第 420、422 页。

244. **【2006 年真题】** 下列油漆工程量计算规则中，正确的说法是（　　）。

A. 门、窗油漆按展开面积计算

B. 木扶手油漆按平方米计算

C. 金属面油漆按构件质量计算

D. 抹灰面油漆按图示尺寸以面积和遍数计算

【解析】 参见教材第 420~422 页。

245. **【2010 年真题】** 根据《建设工程工程量清单计价规范》(GB 50500—2013)，扶手、栏杆装饰工程量计算应按（　　）。

A. 设计图示尺寸以扶手中心线的长度（不包括弯头长度）计算

B. 设计图示尺寸以扶手中心线的长度（包括弯头长度）计算

C. 设计图示尺寸扶手以长度计算，栏杆以垂直投影面积计算

D. 设计图示尺寸扶手以长度计算，栏杆以单面面积计算

【解析】 参见教材第 423 页。

246. **【2010 年真题】**根据《建设工程工程量清单计价规范》（GB 50500—2013），装饰装修工程中可按设计图示数量计算工程量的是（　　）。

A. 镜面玻璃　　B. 厨房壁柜

C. 雨篷吊挂饰面　　D. 金属窗台板

【解析】 参见教材第 423、424 页。

247. **【2010 年真题】**根据《建设工程工程量清单计价规范》（GB 50500—2013），装饰装修工程中按设计图尺寸以面积计算工程量的有（　　）。

A. 线条刷涂料　　B. 金属扶手带栏杆、栏板

C. 全玻璃幕墙　　D. 干挂石材钢骨架

E. 织锦缎裱糊

【解析】 参见教材第 417~422 页。

248. **【2007 年真题】**根据《建设工程工程量清单计价规范》，金属扶手带栏杆、栏板的装饰工程量应（　　）。

A. 按扶手、栏杆和栏板的垂直投影面积计算

B. 按设计图示扶手中心线以长度计算（包括弯头长度）

C. 按设计图示尺寸以重量计算（包括弯头重量）

D. 按设计图示扶手水平投影的中心线以长度计算（包括弯头长度）

【解析】 参见教材第 423 页。

249. **【2019 年真题】**根据《房屋建筑与装饰工程工程量计算规范》（GB 50854—2013），混凝土构件拆除清单工程量计算正确的是（　　）。

A. 可按拆除构件的虚方工程量计算，以“m^3”计量

B. 可按拆除部位的面积计算，以“m^2”计量

C. 可按拆除构件的运输工程量计算，以“m^3”计量

D. 按拆除构件的质量计算，以“t”计量

【解析】 参见教材第 424 页。

250. **【2022 年真题】**根据《房屋建筑与装饰工程工程量计算规范》（GB 50854—2013），下列措施项目，以“项”为单位计量的是（　　）。

A. 超高施工增加　　B. 大型机械设备进出场

C. 施工降水　　D. 非夜间施工照明

【解析】 参见教材第 427 页。

251. **【2022 年真题】**根据《房屋建筑与装饰工程工程量计算规范》（GB 50854—2013），同一建筑物有不同檐高时，下列项目应按不同檐高分别列项的有（　　）。

A. 垂直运输　　B. 超高施工增加

C. 二次搬运费　　D. 大型机械安拆

E. 脚手架工程

【解析】 参见教材第 427~429 页。

252. 【2021 年真题】根据《房屋建筑与装饰工程工程量计算规范》(GB 50854—2013)，以下关于脚手架的说法正确的是（　　）。

A. 综合脚手架按建筑面积计算，适用于房屋加层

B. 外脚手架、里脚手架按搭设的长度乘以搭设层数以延长米计算

C. 整体提升式脚手架按所服务对象的垂直投影面积计算

D. 同一建筑物有不同檐口时，按平均檐高编制清单项目

【解析】 参见教材第 427、428 页。

253. 【2021 年真题】根据《房屋建筑与装饰工程工程量计算规范》(GB 50854—2013)，关于措施项目下列说法正确的为（　　）。

A. 安全文明施工措施中的临时设施项目包括对地下建筑物的临时保护设施

B. 单层建筑物檐高超过 20m，可按建筑面积计算超高施工增加

C. 垂直运输项目工作内容包括行走式垂直运输机轨道的铺设、拆除和摊销

D. 施工排水、降水措施项目中包括临时排水沟、排水设施安砌、维修和拆除

【解析】 参见教材第 429~432 页。

254. 【2020 年真题】根据《房屋建筑与装饰工程工程量计算规范》(GB 50854—2013)，安全文明施工措施包括的内容有（　　）。

A. 地上、地下设施保护　　B. 环境保护

C. 安全施工　　D. 临时设施

E. 文明施工

【解析】 参见教材第 430、431 页。

255. 【2018 年真题】根据《房屋建筑与装饰工程工程量计算规范》(GB 50854—2013)，措施项目工程量计算有（　　）。

A. 垂直运输按使用机械设备数量计算

B. 悬空脚手架按搭设的水平投影面积计算

C. 排水、降水工程量，按排水、降水日历天数计算

D. 整体提升架按所服务对象的垂直投影面积计算

E. 超高施工增加按建筑物超高部分的建筑面积计算

【解析】 参见教材第 429、430 页。

256. 【2017 年真题】根据《房屋建筑与装饰工程工程量计算规范》(GB 50854—2013)，措施项目工程量计算正确的是（　　）。

A. 里脚手架按建筑面积计算

B. 满堂脚手架按搭设水平投影面积计算

C. 混凝土墙模板按模板与墙接触面积计算

D. 混凝土构造柱模板按图示外露部分计算模板面积

E. 超高施工增加费包括人工、机械降效，供水加压以及通信联络设备费用

【解析】 参见教材第427页。

257. 【2016年真题】根据《房屋建筑与装饰工程工程量计算规范》（GB 50854—2013），关于综合脚手架，说法正确的有（　　）。

A. 工程量按建筑面积计算

B. 用于屋顶加层时应说明加层高度

C. 项目特征应说明建筑结构形式和檐口高度

D. 同一建筑物有不同的檐高时，分别按不同檐高列项

E. 项目特征必须说明脚手架材料

【解析】 参见教材第427、428页。

258. 【2015年真题】《房屋建筑与装饰工程工程量计算规范》（GB 50854—2013）对以下措施项目详细列明了项目编码、项目特征、计量单位和计算规则的有（　　）。

A. 夜间施工

B. 已完工程及设备保护

C. 超高施工增加

D. 施工排水、降水

E. 混凝土模板及支架

【解析】 参见教材第427~431页。

259. 【2014年真题】根据《房屋建筑与装饰工程工程量计算规范》（GB 50854—2013）规定，以下关于措施项目工程量计算，说法正确的有（　　）。

A. 垂直运输费用，按施工工期日历天数计算

B. 大型机械设备进出场及安拆，按使用数量计算

C. 施工降水成井，按设计图示尺寸以钻孔深度计算

D. 超高施工增加，按建筑物总建筑面积计算

E. 雨篷混凝土模板及支架，按外挑部分水平投影面积计算

【解析】 参见教材第429、430页。

260. 【2013年真题】综合脚手架的项目特征必要描述（　　）。

A. 建筑面积　　B. 檐口高度

C. 场内外材料搬运　　D. 脚手架的材质

【解析】 参见教材第428页。

261. 【2013年真题】根据《房屋建筑与装饰工程工程量计算规范》（GB 50854—2013），下列脚手架中以 m^2 为计算单位的有（　　）。

A. 整体提升架　　B. 外装饰吊篮　　C. 挑脚手架

D. 悬空脚手架　　E. 满堂脚手架

【解析】 参见教材第 427 页。

二、参考答案

题号	1	2	3	4	5	6	7	8	9
答案	C	B	AD	B	C	AB	C	D	D
题号	10	11	12	13	14	15	16	17	18
答案	D	BDE	C	B	A	A	C	C	A
题号	19	20	21	22	23	24	25	26	27
答案	CD	D	B	AD	D	B	B	BCD	B
题号	28	29	30	31	32	33	34	35	36
答案	C	D	B	D	A	C	A	ACE	A
题号	37	38	39	40	41	42	43	44	45
答案	D	C	A	C	B	D	B	D	A
题号	46	47	48	49	50	51	52	53	54
答案	B	D	B	A	B	A	B	A	A
题号	55	56	57	58	59	60	61	62	63
答案	A	C	B	BE	C	D	B	C	D
题号	64	65	66	67	68	69	70	71	72
答案	A	B	C	A	B	B	D	C	D
题号	73	74	75	76	77	78	79	80	81
答案	D	ACD	C	ABD	D	A	A	C	ABE
题号	82	83	84	85	86	87	88	89	90
答案	C	C	A	B	BDE	B	ACE	B	C
题号	91	92	93	94	95	96	97	98	99
答案	B	C	ABE	D	A	C	B	D	D
题号	100	101	102	103	104	105	106	107	108
答案	C	D	A	ACE	C	C	C	C	B
题号	109	110	111	112	113	114	115	116	117
答案	B	B	CE	D	A	C	B	A	B
题号	118	119	120	121	122	123	124	125	126
答案	D	BDE	ABCD	D	C	A	AB	C	C
题号	127	128	129	130	131	132	133	134	135
答案	A	ABCE	BCE	A	ACDE	B	C	D	CD
题号	136	137	138	139	140	141	142	143	144
答案	A	B	CD	A	CD	ABDE	A	B	C

（续）

题号	145	146	147	148	149	150	151	152	153
答案	B	ABE	ABC	C	ABCD	A	A	B	D
题号	154	155	156	157	158	159	160	161	162
答案	A	C	A	C	ABC	B	A	B	B
题号	163	164	165	166	167	168	169	170	171
答案	D	A	B	D	ABDE	A	C	CE	D
题号	172	173	174	175	176	177	178	179	180
答案	A	D	D	D	D	B	B	C	B
题号	181	182	183	184	185	186	187	188	189
答案	D	C	ACE	DE	B	CD	C	B	A
题号	190	191	192	193	194	195	196	197	198
答案	D	C	C	C	A	ABCD	ABC	C	B
题号	199	200	201	202	203	204	205	206	207
答案	BDE	B	C	D	A	D	D	B	D
题号	208	209	210	211	212	213	214	215	216
答案	A	D	ADE	BCE	D	BD	D	BCDE	A
题号	217	218	219	220	221	222	223	224	225
答案	A	D	D	C	D	CDE	B	C	B
题号	226	227	228	229	230	231	232	233	234
答案	ACE	C	D	D	A	A	D	A	C
题号	235	236	237	238	239	240	241	242	243
答案	CD	D	A	D	A	ACD	A	BD	ACD
题号	244	245	246	247	248	249	250	251	252
答案	C	B	B	CE	B	B	D	ABE	C
题号	253	254	255	256	257	258	259	260	261
答案	C	BCDE	BCDE	BCDE	ACD	CDE	ABCE	B	ABDE

三、2023 考点预测

考点一：土石方的三分类、折算系数计算及计量单位

考点二：地基处理分类列项及计量单位

考点三：桩基础项目特征描述及计量单位

考点四：基础与墙体的分类及工程量扣减关系

考点五：混凝土构件类别划分、柱高的规定、其他构件计量单位及钢筋细节

考点六：金属结构工程量扣减关系

考点七：木结构计量单位综合考核
考点八：门窗工程计量单位综合考核
考点九：防水工程计量单位综合考核及项目特征描述
考点十：保温、隔热、防腐工程工程量扣减关系
考点十一：楼地面装饰工程工程量扣减关系
考点十二：墙、柱面装饰抹灰工程量计算规则
考点十三：天棚工程量扣减关系
考点十四：油漆、涂料、裱糊工程计量单位综合考核
考点十五：其他装饰工程计量单位综合考核
考点十六：拆除工程计量单位综合考核
考点十七：综合脚手架和垂直运输的相关说明及计量单位

附录　2023年全国一级造价工程师职业资格考试“建设工程技术与计量（土木建筑工程）”预测模拟试卷

附录A　预测模拟试卷（一）

一、**单项选择题**（共60题，每题1分。每题的备选项中，只有1个最符合题意）

1. 由于成分和结构的不同，每种矿物都有自己特有的性质，（　　）是鉴别矿物的主要依据。

A. 化学性质　　B. 光学性质

C. 物理性质　　D. 力学性质

2. 深成岩常形成岩基等大型侵入体，下列属于深成岩的是（　　）。

A. 石英岩　　B. 玄武岩

C. 辉绿岩　　D. 辉长岩

3. 根据土中有机质含量的不同进行划分，土的分类不包括（　　）。

A. 无机土　　B. 有机质土

C. 淤泥土　　D. 泥炭

4. 土和岩石根据物理力学性质和开挖施工难度，分别分为（　　）级和（　　）级。

A. 4，8　　B. 6，12

C. 6，8　　D. 4，12

5. 某土质具有较显著的触变性和蠕变性，可能为（　　）。

A. 红黏土　　B. 软土

C. 膨胀土　　D. 湿陷性黄土

6. 关于土的工程性质，正确的说法是（　　）。

A. 土的颗粒级配越好，其工程性质受含水量影响越大

B. 土的颗粒级配越差，其工程性质受含水量影响越大

C. 土的颗粒越大，其工程性质受含水量影响越大

D. 土的颗粒越小，其工程性质受含水量影响越大

7. （　　）也称为自流水，其水位的升降取决于水压的传递。

A. 包气带水　　B. 裂隙水

C. 承压水　　D. 潜水

8. 经常产生于高地应力地区的破坏形式是（　　）。

A. 脆性破裂　　B. 岩层的弯曲折断

C. 块体滑移　　D. 塑性变形

9. 为了应对地质缺陷造成的受力和变形问题，有时要（　　）承载和传力结构的尺寸，（　　）钢筋混凝土的配筋率。

A. 减小，降低　　B. 加大，降低

C. 减小，提高　　D. 加大，提高

10. 在地基为松散软弱土层，建筑物基础不宜采用（　　）。

A. 条形基础　　B. 箱形基础

C. 柱下十字交叉基础　　D. 片筏基础

11. 精密仪器、纺织车间应该在（　　）类型的车间生产。

A. 冷加工车间　　B. 热加工车间

C. 恒温湿车间　　D. 洁净车间

12. 我国为北京奥运会建筑的鸟巢，中间露天，四周有顶盖看台，外围及顶部采用型钢架，这类建筑物的结构类型是（　　）。

A. 排架结构型　　B. 空间结构型

C. 刚架结构型　　D. 桁架结构型

13. 下列关于网架结构的特点说法错误的是（　　）。

A. 空间受力体系　　B. 刚度大

C. 杆件类型多　　D. 抗震性能好

14. 在需要做地下室防水的情况下，下列说法正确的是（　　）。

A. 只需要在地下室外墙做垂直防水

B. 只需要将地下室地坪做水平防水

C. 据设计最高地下水位高出地下室地坪多少来确定是否做垂直防水

D. 地下室地坪防水层应与垂直防水层搭接

15. 关于墙体构造的说法，正确的是（　　）。

A. 室内地面均为实铺时，外墙墙身防潮层应设在室外地坪以下 60mm 处

B. 外墙两侧地坪不等高时，墙身防潮层应设在较低一侧地坪以下 60mm 处

C. 年降雨量小于 900mm 的地区须设置明沟和散水

D. 散水宽度一般为 600~1000mm

16. 下列位置中，（　　）不是构造柱的一般设置位置。

A. 隔墙处　　B. 纵横墙相交处

C. 楼梯间转角处　　D. 建筑物四周

17. 下列不属于外墙内保温缺点的是（　　）。

A. 保温隔热效果差，外墙平均传热系数高

B. 占用室内使用面积

C. 不利于安全防火

D. 不利于既有建筑的节能改造

18. 关于无梁楼板的说法错误的是（　　）。

A. 无梁楼板分有柱帽和无柱帽两种

B. 方形柱网一般不超过6m，板厚通常不小于120mm

C. 无梁楼板的柱网一般布置成方形或矩形，以矩形柱网较为经济

D. 无梁楼板增加了室内净空高度，有利于采光和通风，适用于荷载较大，管线较多的商店和仓库

19. 平屋顶卷材防水屋面的檐口（　　）mm范围内的应该满粘，卷材收头应采用金属压条钉压，并应用密封材料封严。

A. 500　　B. 800

C. 1000　　D. 1200

20. 屋顶保温隔热措施中，叙述不正确的是（　　）。

A. 坡屋顶可采用蓄水法和种植法

B. 平屋顶可采用蓄水法和种植法

C. 平屋顶应优先采用倒置式保温

D. 平屋顶倒置式保温材料可选用泡沫玻璃保温板

21. 墙体饰面材料中最有发展前途的是（　　）。

A. 天然石材　　B. 人造石材

C. 马赛克　　D. 涂料

22.（　　）是厂房的主要承重构件，承担着厂房上部的全部重量。

A. 柱　　B. 吊车梁

C. 地基　　D. 基础

23.（　　）的年平均日设计交通量宜为5000～15000辆小客车，供汽车行驶的双车道公路。

A. 高速公路　　B. 一级公路

C. 二级公路　　D. 三级公路

24. 一级公路台阶宽度一般为（　　）m。

A. 1　　B. 2

C. 3　　D. 4

25. 为方便机械施工，路拱一般采用（　　）形式。

A. 抛物线　　B. 折线

C. 直线　　D. 弧线

26. 桥梁的上部构造组成是（　　）。

A. 桥面构造、桥梁跨越部分的承载结构和桥梁支座

B. 桥面、轨道和支座

C. 桥面、桥梁和桥跨

D. 桥梁、伸缩缝和支座

27. 高架桥桥面纵坡应（　　）。

A. 不大于4%　　B. 不大于6%

C. 不大于2.5%　　D. 不小于0.3%

28. 根据地形和水流条件，涵洞的洞底纵坡应为12%，此涵洞的基础应（　　）。

A. 做成连续纵坡　　B. 在底部每隔3~5m设防滑横墙

C. 做成阶梯形　　D. 分段做成阶梯形

29. 综合考虑行车和排水与通风，公路隧道的纵坡 i 应是（　　）。

A. $0.1\% \leqslant i \leqslant 1\%$　　B. $0.3\% \leqslant i \leqslant 3\%$

C. $0.4\% \leqslant i \leqslant 4\%$　　D. $0.5\% \leqslant i \leqslant 5\%$

30. 在我国，无论是南方还是北方，市政管线埋深均超过1.5m的是（　　）。

A. 给水管道　　B. 排水管道

C. 热力管道　　D. 电力管道

31. （　　）会加剧钢的时效敏感性和冷脆性，使其焊接性能变差。

A. 钛　　B. 氮

C. 硫　　D. 锰

32. 可用于有高温要求的工业车间大体积混凝土构件的水泥是（　　）。

A. 硅酸盐水泥　　B. 普通硅酸盐水泥

C. 矿渣硅酸盐水泥　　D. 火山灰硅酸盐水泥

33. 按外加剂的主要功能进行分类时，缓凝剂主要是为了（　　）。

A. 改善混凝土拌和物流变性能　　B. 改善混凝土耐久性

C. 调节混凝土凝结时间、硬化性能　　D. 改善混凝土和易性

34. 常用的（　　），又称元明粉，是一种白色粉状物，易溶于水，掺入混凝土后能与水泥水化生成的氢氧化钙作用，加快水泥硬化。

A. 氯化钙早强剂　　B. 硫酸钠早强剂

C. 氯化钠早强剂　　D. 三乙醇胺早强剂

35. 混凝土的整体均匀性，主要取决于混凝土拌和物的（　　）。

A. 抗渗性　　B. 流动性

C. 黏聚性　　D. 保水性

36. 混凝土拌和物在一定的施工条件下，便于各种施工工序的操作，以保证获得均匀密实的混凝土的性能是（　　）。

A. 强度　　B. 和易性

C. 耐久性　　D. 通透性

37. 碾压混凝土的特点不包括（　　）。

A. 内部结构密实　　B. 干缩性小

C. 耐久性差　　D. 节约水泥

38. 砌筑砂浆的水泥强度选用应根据（　　）。

A. 砂浆品种及用途　　B. 砂浆强度等级及用途

C. 砂浆品种及强度等级　　D. 砂浆强度等级及施工气温

39. 塑料的基本组成中，增塑剂不能提高塑料加工时的（　　）。

A. 可塑性　　B. 流动性

C. 强度　　D. 韧性

40. 主要应用于排水管道、雨水管道的是（　　）。

A. PVC-U 管　　B. PVC-C 管

C. PP-R 管　　D. PB 管

41. 防水材料中适用于寒冷地区的建筑防水，又具有耐臭氧、耐老化性能的防水材料是（　　）。

A. SBS 改性沥青防水卷材　　B. APP 改性沥青防水卷材

C. 三元乙丙橡胶防水卷材　　D. 氯化聚乙烯-橡胶共混型防水卷材

42. 湿度小的黏性土挖土深度小于（　　）时，可用间断式水平挡土板支撑。

A. 1m　　B. 2m

C. 3m　　D. 4m

43. 当基坑宽度等于 8m 时，喷射井点的平面布置采用（　　）较为合适。

A. 环形布置　　B. U 形布置

C. 双排布置　　D. 单排布置

44. 在较硬的土质中，用推土机进行挖、运作业，较适宜的施工方法是（　　）。

A. 下坡推土法　　B. 并列推土法

C. 分批集中，一次推送法　　D. 沟槽推土法

45. 下面选项中，关于土石方填筑正确的是（　　）。

A. 宜采用同类土填筑

B. 从上至下填筑土层的透水性应从大到小

C. 含水量大的黏土宜填筑在下层

D. 硫酸盐含量小于 5%的土不能使用

46. 关于桩基础施工，下列说法中正确的是（　　）。

A. 灌注桩比预制桩节省造价　　B. 预制桩比灌注桩节省造价

C. 预制桩比灌注桩操作要求严格　　D. 灌注桩不易发生质量事故

47. 爆扩成孔灌注桩的主要特点不包括（　　）。

A. 成孔方法简便　　B. 节省劳动力

C. 成本较高　　D. 桩承载力较大

48. 钢筋进场时，应按国家现行相关标准的规定抽取试件做（　　）检验，检验结构必须符合有关标准的规定。

A. 力学性能和重量偏差　　B. 化学性能和重量偏差

C. 力学性能和强度偏差　　D. 化学性能和强度偏差

49. 大体积混凝土施工时，混凝土入模温度（　　）。

A. 不宜高于30℃　　B. 不宜低于30℃

C. 不宜高于10℃　　D. 不宜低于10℃

50. 在自然养护条件下，普通混凝土的浇水养护时间，不应少于14d的是（　　）。

A. 硅酸盐水泥配制的混凝土　　B. 普通硅酸盐水泥配制的混凝土

C. 矿渣硅酸盐水泥配制的混凝土　　D. 抗渗混凝土

51. 混凝土达到规定强度后，采用先张法施工的预应力混凝土构件的钢筋端部应（　　）。

A. 先放张后锚固　　B. 先放张后切断

C. 先锚固后放张　　D. 先切断后放张

52. 跨度9m的天窗架拼装应采用（　　）。

A. 构件平装法　　B. 构件立拼法

C. 利用模具拼装法　　D. 利用桁架拼装法

53. 桥梁墩台基础遇砂夹卵石层的地层时，其桩体的施工方法采用（　　）。

A. 射水沉桩　　B. 锤击沉桩

C. 振动沉桩　　D. 静力压桩

54. 根据《房屋建筑与装饰工程工程量计算规范》（GB 50854—2013），基坑与边坡支护计算时以“m^3”为单位的是（　　）。

A. 咬合灌注桩　　B. 型钢桩

C. 钢支撑　　D. 钢筋混凝土支撑

55. 梁平法施工图的表示方法为（　　）。

A. 列表注写方式和截面注写方式　　B. 列表注写方式和平面注写方式

C. 截面注写方式和平面注写方式　　D. 截面注写方式和原位注写方式

56. 在建筑面积计算中，有效面积包括（　　）。

A. 使用面积和结构面积　　B. 居住面积和结构面积

C. 使用面积和辅助面积　　D. 居住面积和辅助面积

57. 根据《建筑工程建筑面积计算规范》（GB/T 50353—2013），建筑物内有局部楼层时，对于局部楼层的二层及以上楼层，其建筑面积计算正确的是（　　）。

A. 有围护结构的按底板水平面积计算　　B. 无围护结构的不计算建筑面积

C. 层高超过2.20m计算全面积　　D. 层高超过2.20m计算1/2面积

58. 根据《建筑工程建筑面积计算规范》（GB/T 50353—2013），下列选项中说法正确的是（　　）。

A. 架空走廊、室外楼梯等，无须计算建筑面积

B. 露天游泳池计算建筑面积

C. 舞台及后台悬挂幕布、布景的天桥、挑台等无须计算建筑面积

D. 与建筑物内不相连通的装饰性阳台、挑廊，须计算一半面积

59. 根据《房屋建筑与装饰工程工程量计算规范》（GB 50854—2013），关于土石方回填工程量计算，说法正确的是（　　）。

A. 回填土方项目特征应包括填方来源及运距

B. 室内回填应扣除间隔墙所占体积

C. 场地回填按设计回填尺寸以面积计算

D. 基础回填不扣除基础垫层所占面积

60. 根据《房屋建筑与装饰工程工程量计算规范》（GB 50854—2013），钢板桩的计算规则是（　　）。

A. 按设计图示尺寸以桩长（包括桩尖）计算

B. 按设计根数计算

C. 按设计图示尺寸以头数量计算

D. 按设计图示尺寸以质量计算

二、多项选择题（共20题，每题2分，每题的备选项中，有2个或者2个以上符合题意，至少有1个错项。错选，本题不得分；少选，所选的每个选项得0.5分）

61. 下列关于褶皱构造的说法，正确的有（　　）。

A. 褶皱构造的岩层未丧失连续性

B. 褶曲是褶皱构造中的一个弯曲

C. 所有的褶皱都是在水平挤压力作用下形成的

D. 隧道工程设计选线尽可能沿褶曲构造的翼部

E. 当地面遭受剥蚀，在褶曲两翼出露的是较新的岩层

62. 工程地质勘察作为一项基础性工作，对工程造价的影响主要体现在（　　）。

A. 设计资料的科学性直接影响工程造价

B. 特殊地质的处治措施，对工程造价起着决定作用

C. 选择工程地质条件有利的路线，对工程造价起着决定作用

D. 勘察资料的准确性直接影响工程造价

E. 对特殊不良工程地质问题认识不足导致的工程造价增加

63. 关于建筑物变形缝的说法，下列说法正确的有（　　）。

A. 防震缝应从基础底面开始，沿房屋全高设置

B. 沉降缝的宽度应根据房屋的层数而定，五层以上时不应小于120mm

C. 对多层钢筋混凝土结构建筑，高度15m及以下时，防震缝缝宽为70mm

D. 伸缩缝一般为20~30mm，应从基础、屋顶、墙体、楼层等房屋构件处全部断开

E. 变形缝包括伸缩缝、沉降缝和防震缝，其作用在于防止墙体开裂，结构破坏

64. 当路基位于山坡上时，为减少路基填方，宜优先采用的形式有（　　）。

A. 填土路基　　B. 填石路基

C. 砌石路基　　D. 护肩路基

E. 护脚路基

65. 为满足桥面变形要求，伸缩缝通常设置在（　　）。

A. 两梁端之间　　B. 每隔50m处

C. 梁端与桥台之间　　D. 桥梁的铰接处

E. 每隔70m处

66. 碾压混凝土中不掺混合材料时，宜选用（　　）。

A. 火山灰水泥　　B. 矿渣水泥

C. 普通水泥　　D. 硅酸盐水泥

E. 粉煤灰水泥

67. 根据水性防火阻燃液的使用对象，可分为（　　）。

A. 木材阻燃处理用的水性防火阻燃液　　B. 钢筋阻燃处理用的水性防火阻燃液

C. 织物阻燃处理用的水性防火阻燃液　　D. 高分子阻燃处理用的水性防火阻燃液

E. 纸板阻燃处理用的水性防火阻燃液

68. 关于轻型井点降水施工的说法，正确的有（　　）。

A. 轻型井点一般可采用单排或双排布置

B. 当有土方机械频繁进出基坑时，井点宜采用环形布置

C. 环形布置适用于面积不大的基坑

D. 槽宽>6m，且降水深度超过5m时不适宜采用单排井点

E. 为了更好地集中排水，井点管应布置在地下水下游一侧

69. 土工织物地基是在软弱地基中或边坡上埋设土工织物作为加筋，使其共同形成弹性复合土体，达到（　　）等方面的目的，以提高土体承载力。

A. 截水　　B. 反滤

C. 隔离　　D. 加固

E. 保温

70. 液压自动爬模主要由（　　）组成。

A. 模板系统　　B. 液压提升系统

C. 吊平台　　D. 操作平台系统

E. 安全网

71. 防水混凝土施工时应注意的事项有（　　）。

A. 墙体水平施工缝应留在高出底板表面300mm以上的墙体上

B. 应尽量采用人工振捣，不宜用机械振捣

C. 应采用自然养护，养护时间不少于14d

D. 水平施工缝浇筑混凝土前，应将其表面浮浆和杂物清除

E. 施工缝距孔洞边缘不大于300mm

72. 关于沥青路面面层施工的说法，正确的有（　　）。

A. 热拌沥青混合料路面施工时，为了加快施工速度，可在现场人工拌制

B. 热拌沥青混合料路面施工时，初压应采用开启振动装置的振动压路机碾压

C. 乳化沥青碎石混合料路面施工时，混合料宜采用拌和厂机械拌制

D. 沥青表面处治最常用的施工方法是层铺法

E. 沥青表面处治碾压结束即可开放交通，应控制车速和行驶路线

73. 地下管线工程施工中，常用的造价较低、进度较快、非开挖的施工技术有（　　）。

A. 气压室法　　B. 冷冻法

C. 长距离顶管法　　D. 气动夯垂铺管法

E. 逆作法

74. 梁平法施工图采用集中标注时，以下各项为必注值的有（　　）。

A. 梁箍筋　　B. 梁上部通长筋或架立筋配置

C. 梁侧面纵向构造钢筋或受扭钢筋配置　　D. 梁顶面标高高差

E. 梁编号

75. 根据《建筑工程建筑面积计算规范》（GB/T 50353—2013），下列不计算建筑面积的内容有（　　）。

A. 突出墙外有围护结构的落地橱窗　　B. 变形

C. 坡屋顶内空间净高小于1.20m的部分　　D. 设备管道夹层

E. 挑出外墙外边线宽度2.00m的无柱雨篷

76. 关于钢筋混凝土灌注桩工程量计算的叙述中正确的有（　　）。

A. 按设计桩长（不包括桩尖）以m计　　B. 按根计

C. 按设计桩长（算至桩尖）以m计　　D. 按设计桩长（算至桩尖）+0.25m计

E. 按设计桩长（算至桩尖）×设计图示截面积以m^3计

77. 根据《房屋建筑与装修工程工程量清单计算规范》（GB 50854—2013），计算现浇混凝土工程量时，正确的工程量清单计算规则是（　　）。

A. 现浇混凝土构造柱不扣除预埋铁件体积

B. 无梁板的柱高自楼板上表面算至柱帽下表面

C. 伸入墙体内的现浇混凝土梁头体积不计算

D. 现浇混凝土墙中，墙垛及突出部分不计算

E. 以水平投影面积计算时，现浇混凝土楼梯伸入墙体内部分不计算

78. 计算箍筋长度时，需要考虑（　　）。

A. 混凝土保护层　　B. 箍筋的形式

C. 箍筋的根数　　D. 箍筋单根长度

E. 构件截面周长

79. 根据《房屋建筑与装饰工程工程量计算规范》（GB 50854—2013），内墙抹灰按内墙的垂直投影面积计算，不扣除（　　）的面积。

A. 门窗洞口　　B. 踢脚线

C. 挂镜线　　D. 0.3m^2 孔洞

E. 墙与构件交接处

80. 根据《房屋建筑与装饰工程工程量计算规范》（GB 50854—2013），天棚吊顶按设计图示尺寸以水平投影面积计算，（　　）。

A. 扣除间壁墙、检查口和附墙烟囱的所占面积

B. 不扣除柱垛和管道所占面积

C. 扣除单个大于 0.3m^2 的孔洞面积

D. 锯齿形顶棚面积展开计算

E. 格栅吊顶按设计图示尺寸以水平投影面积计算

附录 A 答案

题号	1	2	3	4	5	6	7	8	9
答案	C	D	C	D	B	D	C	A	D
题号	10	11	12	13	14	15	16	17	18
答案	A	C	B	C	D	D	A	C	C
题号	19	20	21	22	23	24	25	26	27
答案	B	A	D	D	C	B	C	A	D
题号	28	29	30	31	32	33	34	35	36
答案	D	B	B	B	C	C	B	C	B
题号	37	38	39	40	41	42	43	44	45
答案	C	C	C	A	D	C	D	C	A
题号	46	47	48	49	50	51	52	53	54
答案	A	C	A	A	D	B	B	A	D
题号	55	56	57	58	59	60	61	62	63
答案	C	C	C	C	A	D	ABD	CDE	BCE
题号	64	65	66	67	68	69	70	71	72
答案	DE	ACD	ABE	ACE	AD	BCD	ABD	ACD	CDE
题号	73	74	75	76	77	78	79	80	
答案	CD	ABC	CE	BCE	ABE	ABCD	BCDE	BCE	

附录B 预测模拟试卷（二）

一、单项选择题（共60题，每题1分。每题的备选项中，只有1个最符合题意）

1. 根据地质成因分类，土的分类不包括（ ）。

A. 冲击土　　B. 坡积土

C. 风积土　　D. 堆积土

2. 当岩体受力的作用发生变形达到一定程度后，使岩体的连续性和完整性遭到破坏，产生各种断裂，这种地质构造是（ ）。

A. 水平构造　　B. 单斜构造

C. 褶皱构造　　D. 断裂构造

3. 下列土中，天然空隙比最大的是（ ）。

A. 软土　　B. 膨胀土

C. 红黏土　　D. 湿陷性黄土

4. 岩体节理、裂隙很发育，岩体十分破碎，岩石手捏即碎，是（ ）结构。

A. 整体块状　　B. 散体

C. 碎裂　　D. 层状

5. 当隧道顶部围岩中有缓倾夹泥结构面存在时，要特别警惕（ ）。

A. 碎块崩落　　B. 碎块坍塌

C. 墙体滑塌　　D. 岩体塌方

6. 地下工程开挖后，对于软弱围岩优先选用的支护方式为（ ）。

A. 锚索支护　　B. 锚杆支护

C. 喷射混凝土支护　　D. 喷锚支护

7. 工程地质是建设工程地基以及一定影响区域的（ ）性质。

A. 土层　　B. 地质

C. 岩层　　D. 地层

8. 按厂房层数划分不包括（ ）。

A. 单层厂房　　B. 多层厂房

C. 低层厂房　　D. 混合层数厂房

9. 一般重型单层厂房多采用（ ）。

A. 排架结构　　B. 空间结构

C. 屋架结构　　D. 刚架结构

10. 地下室垂直卷材防水层的顶端，应高出地下最高水位（ ）。

A. 0.20~0.50m　　B. 0.10~0.25m

C. 0.25~0.50m　　D. 0.50~1.00m

11. 关于单层厂房屋架支撑的说法，正确的是（　　）。

A. 屋架下弦纵向水平支撑通常在有托架的开间内设置

B. 在设置垂直支撑的屋架端部无须设置下弦的水平系杆

C. 对于有檩体系可不设置屋架上弦横向水平支撑

D. 有悬挂吊车时，应保证屋架垂直支撑上弦横向水平支撑同一开间内设置

12. 在地面自然横坡陡于1∶5的斜坡上修筑半填半挖路堤时，其基底应开挖台阶，具体要求是（　　）。

A. 台阶宽度不小于0.8m　　B. 台阶宽度不大于1.0m

C. 台阶底应保持水平　　D. 台阶底应设2%~4%的内倾坡

13. 护肩路基应采用当地不易风化片石砌筑，高度一般不超过（　　）。

A. 1m　　B. 2m

C. 3m　　D. 4m

14. 连续梁桥是大跨度桥梁广泛采用的结构体系之一，一般采用（　　）。

A. 骨架承重结构　　B. 预应力混凝土结构

C. 空间结构　　D. 钢筋混凝土结构

15. 整体式拱涵基础的适用条件是（　　）。

A. 涵洞地基为密实中砂　　B. 孔径小于2m的涵洞

C. 涵洞地基为粗砂　　D. 允许承载力为400kPa的地基

16. 共同沟按照其功能定位划分时，不包括（　　）。

A. 干线共同沟　　B. 支线共同沟

C. 通信共同沟　　D. 缆线共同沟

17. 冷轧带肋钢筋中主要用于非预应力钢筋混凝土的是（　　）。

A. HRB400　　B. CRB550

C. CRB650　　D. HRB500

18. （　　）能消减硫和氧引起的热脆性，使钢材的热加工性能改善。

A. 钛　　B. 氮

C. 硫　　D. 锰

19. 冬季施工混凝土采用（　　）水泥，其早期强度较高，凝结硬化较快，耐冻性较好，水化热较大，便于蓄热法施工。

A. 矿渣硅酸盐　　B. 粉煤灰硅酸盐

C. 火山灰硅酸盐　　D. 普通硅酸盐

20. 水泥的水化热是水化过程中放出的热量，对（　　）工程是不利的。

A. 高温环境的混凝土　　B. 大体积混凝土

C. 冬期施工　　D. 桥梁

21. 硅酸盐水泥中不掺混合材料的水泥，代号（　　）。

A. P·O　　B. P·I

C. P·Ⅱ　　D. P·Z

22. 选用建筑密封材料时应首先考虑其（　　）。

A. 耐老化性　　B. 耐高低温性能

C. “拉伸—压缩”循环性能　　D. 使用部位和黏结性能

23. 拌制内、外墙保温砂浆多用（　　）。

A. 玻化微珠　　B. 石棉

C. 膨胀蛭石　　D. 玻璃棉

24. 表观密度小、吸声绝热性能好，可作为吸声或绝热材料使用的木板是（　　）。

A. 胶合板　　B. 硬质纤维板

C. 软质纤维板　　D. 刨花板

25. 在直接承受动力荷载的钢筋混凝土构件中，纵向受力钢筋的连接方式不宜采用（　　）。

A. 钢筋套筒挤压连接　　B. 钢筋锥螺纹套管连接

C. 钢筋直螺纹套管连接　　D. 闪光对焊连接

26. 有抗震设防要求的结构，当设计无具体要求时，钢筋的抗拉强度实测值与屈服强度实测值的比值不应小于（　　）。

A. 1.15　　B. 1.25

C. 1.30　　D. 1.40

27. （　　）一般只用于剪切直径小于12mm的钢筋。

A. 锯床锯断　　B. 手动剪切器切断

C. 氧-乙炔焰切割　　D. 钢筋剪切机切断

28. 当不同直径钢筋焊接，钢筋直径相差大于7mm时，不得采用的焊接方式是（　　）。

A. 闪光对焊　　B. 气压焊

C. 电阻点焊　　D. 电渣压力焊

29. 墙体为构造柱砌成的马牙槎，其凹凸尺寸和高度可约为（　　）。

A. 60mm和345mm　　B. 60mm和260mm

C. 70mm和385mm　　D. 90mm和385mm

30. 以下关于早强水泥砂浆锚杆施工说法正确的是（　　）。

A. 快硬水泥卷在使用前需要用清水浸泡

B. 早强药包使用时严禁与水接触或受潮

C. 早强药包的主要作用为封堵孔口

D. 快硬水泥卷的直径应比钻孔直径大20mm左右

31. 桥梁墩台基础施工时，水中基础开挖最常用的施工方法是（　　）。

A. 围堰法　　B. 明挖法

C. 放坡开挖　　D. 加固开挖

32. 防水混凝土采用预拌混凝土时，入泵坍落度宜控制在（　　）。

A. 100~120mm　　B. 120~140mm

C. 140~160mm　　D. 160~180mm

33. 下列不属于地下连续墙施工优点的是（　　）。

A. 施工全盘机械化，速度快、精度高，并且振动小、噪声低，适用于城市密集建筑群及夜间施工

B. 采用钢筋混凝土或素混凝土，强度可靠，承压力大

C. 对开挖的地层适应性强

D. 开挖基坑须放坡，土方量大

34. 集水坑应设置在基础范围以外，地下水走向的上游。根据地下水量大小、基坑平面形状及水泵能力，集水坑每隔（　　）m设置一个。

A. 10~20　　B. 20~30

C. 20~40　　D. 30~50

35. 关于轻型井点的安装需要下列步骤：①弯联管将井点管与集水总管连接；②挖井点沟槽、铺设集水总管；③安装抽水设备；④冲孔，沉设井点管，灌填砂滤料；⑤试抽。井点系统的安装顺序为（　　）。

A. ①→③→⑤→②→④　　B. ④→①→③→⑤→②

C. ②→①→③→⑤→④　　D. ②→④→①→③→⑤

36. 南方地区采用轻型井点降水时，井点管与集水总管连接应用（　　）。

A. 透明塑料软管　　B. 不透明塑料软管

C. 透明橡胶软管　　D. 不透明橡胶软管

37. 预应力张拉时，下列不符合要求的是（　　）。

A. 长度为20m的有黏结预应力筋一端张拉

B. 长度为30m的直线型有黏结预应力筋一端张拉

C. 长度为45m的无黏结预应力筋一端张拉

D. 长度为55m的无黏结预应力筋两端张拉

38. 采用后张法张拉预应力筋时，如设计无规定，要求混凝土的强度至少要达到设计规定的混凝土立方体抗压强度标准值的（　　）。

A. 85%　　B. 80%

C. 75%　　D. 70%

39. 打桩机正确的打桩顺序为（　　）。

A. 先外后内　　B. 先大后小

C. 先短后长　　D. 先浅后深

40. 爆扩成孔灌注桩的主要优点在于（　　）。

A. 适于在软土中形成桩基础　　B. 扩大桩底支撑面

C. 增大桩身周边土体的密实度　　D. 有效扩大桩柱直径

41. 适用于高压缩性黏土或砂性较轻的亚黏土层的沉入桩施工方法是（　　）。

A. 锤击沉桩　　B. 射水沉桩

C. 振动沉桩　　D. 静力压桩

42. 在砂土地层中施工泥浆护壁成孔灌注桩，桩径 1.8m，桩长 52m，应优先考虑采用（　　）。

A. 正循环钻孔灌注桩　　B. 反循环钻孔灌注桩

C. 钻孔扩底灌注桩　　D. 冲击成孔灌注桩

43. 适用于施工期限不紧迫、材料来源充足、运距不远的施工环境，软土路基表层处理方法应为（　　）。

A. 铺砂垫层　　B. 反压护道

C. 铺土工布　　D. 铺土工格栅

44.《建设工程工程量清单计价规范》（GB 50500—2013）中，所列的分部分项清单项目的工程量主要是指（　　）。

A. 施工图纸的净量　　B. 施工消耗工程量

C. 考虑施工方法的施工量　　D. 考虑合理损耗的施工量

45. 关于梁平法施工图的注写方式，说法正确的是（　　）。

A. 梁平法施工图分平面注写方式、列表注写方式

B. 原位标注表达梁的通用数值

C. 集中标注表达梁的特殊数值

D. 施工时，原位标注优先于集中标注

46. 梁平法施工图采用集中标注时，以下各项为选注值的是（　　）。

A. 梁箍筋

B. 梁侧面纵向构造钢筋或受扭钢筋配置

C. 梁顶面标高高差

D. 梁上部通长筋或架立筋配置

47. 建筑面积不包括（　　）。

A. 使用面积　　B. 公共面积

C. 结构面积　　D. 辅助面积

48. 根据《房屋建筑与装饰工程工程量计算规范》（GB 50854—2013），砌筑沥青浸渍砖，按设计图示尺寸以（　　）计算。

A. 长度　　B. 面积

C. 高度　　D. 体积

49. 根据《房屋建筑与装饰工程工程量计算规范》（GB 50854—2013），保温柱的工程量计算，正确的是（　　）。

A. 按设计图示尺寸以体积计算

B. 按设计图示尺寸以保温层外边线展开长度乘以其高度计算

C. 按图示尺寸以柱面积计算

D. 按设计图示尺寸以保温层中心线展开长度乘以其高度计算

50. 根据《房屋建筑与装饰工程工程量计算规范》（GB 50854—2013），关于地基处理工程量计算，正确的为（　　）。

A. 振冲桩（填料）按设计图示处理范围以面积计算

B. 砂石桩按设计图示尺寸以桩长（不包括桩尖）计算

C. 水泥粉煤灰碎石桩按设计图示尺寸以体积计算

D. 深层搅拌桩按设计图示尺寸以桩长计算

51. 根据《房屋建筑与装饰工程工程量计算规范》（GB 50854—2013），关于金属结构工程量计算，说法正确的是（　　）。

A. 金属结构工程量应扣除孔眼、切边质量

B. 钢网架按设计图示尺寸以面积计算

C. 钢管柱牛腿工程量并入钢管柱工程量

D. 金属结构工程量应增加铆钉、螺栓质量

52. 根据《房屋建筑与装饰工程工程量计算规范》（GB 50854—2013），实心砖外墙高度的计算，正确的是（　　）。

A. 坡屋面无檐口天棚的算至屋面板底

B. 坡屋面有屋架且有天棚的算至屋架下弦底

C. 坡屋面有屋架无天棚的算至屋架下弦底另加200mm

D. 平屋面算至钢筋混凝土板顶

53. 关于预制混凝土屋架的计量，说法错误的是（　　）。

A. 可以立方米计量，按设计图示尺寸以体积计算

B. 可以榀计量，按设计图示尺寸以数量计算

C. 以立方米计量时，项目特征必须描述单件体积

D. 三角形屋架按折线型屋架项目编码列项

54. 根据《房屋建筑与装饰工程工程量计算规范》（GB 50854—2013），关于预制混凝土构件工程量计算，说法正确的是（　　）。

A. 预制组合屋架，按设计图示尺寸以体积计算，不扣除预埋铁件所占体积

B. 预制网架板，按设计图示尺寸以体积计算，不扣除孔洞所占体积

C. 预制空心板，按设计图示尺寸以体积计算，不扣除空心板空洞所占体积

D. 预制混凝土楼梯，按设计图示尺寸以体积计算，不扣除空心踏步板空洞体积

55. 根据《房屋建筑与装饰工程工程量计算规范》（GB 50854—2013），后张法施工预应力混凝土，孔道长度为12.00m，采用后张混凝土自锚低合金钢筋。钢筋工程量计算的每孔钢筋长度为（　　）。

A. 12.00m　　　　B. 12.15m

C. 12.35m　　　　D. 13.00m

56. 根据《房屋建筑与装饰工程工程量计算规范》（GB 50854—2013），关于砖砌体工程量计算的说法，正确的是（　　）。

A. 空斗墙按设计尺寸以墙体外形体积计算，其中门窗洞口立边的实砌部分不计入

B. 空花墙按设计尺寸以墙体外形体积计算，其中空洞部分体积应予以扣除

C. 实心砖柱按设计尺寸以柱体积计算，钢筋混凝土梁垫、梁头所占体积应予以扣除

D. 空心砖围墙中心线长乘以高，以面积计算

57. 根据《房屋建筑与装饰工程工程量计算规范》（GB 50854—2013），实心砖外墙高度的计算，正确的是（　　）。

A. 平屋面算至钢筋混凝土板顶

B. 无天棚者算至屋架下弦底另加200mm

C. 内外山墙按其平均高度计算

D. 有屋架且室内外均有天棚者算至屋架下弦底另加300mm

58. 根据《房屋建筑与装饰工程工程量计算规范》（GB 50854—2013），关于土石方回填工程量计算，说法正确的是（　　）。

A. 回填土方项目特征应包括填方来源及运距

B. 室内回填应扣除间隔墙所占体积

C. 场地回填按设计回填尺寸以面积计算

D. 基础回填不扣除基础垫层所占面积

59. 根据《房屋建筑与装饰工程工程量计算规范》（GB 50854—2013），关于天棚装饰工程量计算正确的是（　　）。

A. 送风口、回风口按设计图示数量计算

B. 灯带（槽）按设计图示尺寸以延长米计算

C. 采光天棚按设计图示尺寸以结构内边线面积计算

D. 回风口按设计图示尺寸以面积计算

60. 根据《房屋建筑与装饰工程工程量计算规范》（GB 50854—2013），天棚吊顶层工程量清单计算中，下列说法正确的是（　　）。

A. 天棚中的灯槽、跌级展开增加的面积另行计算并入天棚

B. 天棚抹灰扣除间壁墙所占面积

C. 天棚检查孔、灯槽单独列项

D. 天棚面中的灯槽、跌级展开增加的面积不另计算

二、多项选择题（共20题，每题2分，每题的备选项中，有2个或者2个以上符合题意，至少有1个错项。错选，本题不得分；少选，所选的每个选项得0.5分）

61. 下列关于褶皱构造的说法，正确的有（　　）。

A. 褶皱构造的岩层未丧失连续性

B. 褶曲是褶皱构造中的一个弯曲

C. 所有的褶皱都是在水平挤压力作用下形成的

D. 隧道工程设计选线尽可能沿褶曲构造的翼部

E. 当地面遭受剥蚀，在褶曲两翼出露的是较新的岩层

62. 关于土的主要性能参数说法错误的有（　　）。

A. 含水量是标志土的湿度的一个重要物理指标

B. 土的饱和度 $Sr>80\%$ 是很湿的状态

C. 一般孔隙比越小的土压缩性越低

D. 黏性土的天然含水量和塑限的差值与塑性指数之比称为塑性指数

E. 土的饱和度是土中被水充满的孔隙体积与孔隙总体积之比

63. 工程地质对工程建设的直接影响主要体现在（　　）。

A. 对工程项目全寿命的影响　　B. 对建筑物地址选择的影响

C. 对建筑物结构设计的影响　　D. 对工程项目生产或服务功能的影响

E. 对建设工程造价的影响

64. 一般在（　　）情况下，可考虑修建人行地道。

A. 修建人行天桥会破坏风景　　B. 修建人行天桥的费用较低

C. 横跨的行人特别多的站前道路　　D. 地面上有障碍物的影响

E. 修建人行地道比修人行天桥在工程费用上有利

65. 土中地下工程根据建造方式，分为（　　）。

A. 浅层地下工程　　B. 中层地下工程

C. 深层地下工程　　D. 附建式

E. 单建式

66. 以下选项中属于地下公共建筑工程的种类的有（　　）。

A. 城市地下行政办公建筑工程

B. 城市地下能源建筑工程

C. 城市地下文教办公与展览建筑工程

D. 城市地下商业建筑工程

E. 城市地下文娱与体育建筑工程

67. 路面按面层材料的组成、结构强度、路面所能承担的交通任务和使用的品质划分为（　　）。

A. 高级路面　　B. 次高级路面

C. 中级路面　　D. 次中级路面

E. 低级路面

68. 混凝土中使用减水剂的主要目的包括（　　）。

A. 有助于水泥石结构形成　　B. 节约水泥用量

C. 提高拌制混凝土的流动性　　D. 提高混凝土的黏聚性

E. 提高混凝土的早期强度

69. 合成高分子防水卷材具有的性能主要有（　　）。

A. 耐冻性　　B. 耐热性

C. 耐腐蚀性　　D. 耐老化性

E. 断裂伸长率大

70. 下列各项属于真空玻璃的技术要求的有（　　）。

A. 厚度偏差　　B. 通光量

C. 弯曲度　　D. 保温性能

E. 隔声性能

71. 关于塑料管材及配件的说法，正确的有（　　）。

A. 硬聚氯乙烯（PVC-U）管通常直径为40~100mm

B. 氯化聚氯乙烯（PVC-C）管适用于受压场合

C. 无规共聚聚丙烯（PP-R）管抗紫外线能力强

D. 丁烯（PB）管无毒，适用于薄壁小口径压力管道

E. 交联聚乙烯（PEX）管低温抗脆性较差

72. 受力钢筋的弯钩和弯折，按技术规范的要求应做到（　　）。

A. HPB 300级钢筋末端做180°弯钩，且弯弧内径不小于3倍钢筋直径

B. HRB 335级钢筋末端做135°弯钩，且弯弧内径不小于4倍钢筋直径

C. 钢筋不超过90°弯折的，弯弧内径不小于5倍钢筋直径

D. 对有抗震要求的结构，箍筋弯钩的弯折角度不小于90°

E. 对有抗震要求的结构，箍筋弯后平直段长度不小于5倍箍筋直径

73. 下列关于桩基础工程叙述不正确的有（　　）。

A. 在软土和新填土中不宜采用爆破灌注桩

B. 爆扩灌注桩成孔简便，节省劳力，成本低，桩的承载力较大

C. 当桩基设计标高不同时，打桩顺序是先浅后深

D. 当桩规格不同时，打桩顺序是先细后粗，先短后长

E. 打桩机具主要包括桩锤、桩架和动力装置三部分

74. 关于浅埋暗挖法施工，说法正确的有（　　）。

A. 浅埋暗挖法可允许带水作业

B. 大范围的淤泥质软土不宜采用浅埋暗挖法

C. 浅埋暗挖法施工中必须坚持“管超前、严注浆、短开挖、强支护、快封闭、勤量测”

D. 降水有困难的地层宜采用浅埋暗挖法

E. 对开挖面前方地层预加固和预处理，是浅埋暗挖法的必要前提

75. 土层中地下工程施工时掘进相对容易，常采用的施工方法有（　　）。

A. 浅埋暗挖法　　B. 盾构法

C. 沉管法　　　　　　　　　　　　　　　D. 钻爆法

E. TBM法

76. 根据《房屋建筑与装饰工程工程量计算规范》（GB 50854—2013），砖基础工程量计算正确的有（　　）。

A. 按设计图示尺寸以体积计算

B. 扣除大放脚T形接头处的重叠部分

C. 内墙基础长度按内墙净长线计算

D. 材料相同时基础与墙身划分通常以设计室内地坪为界

E. 基础工程量不扣除构造柱所占体积

77. 根据《房屋建筑与装饰工程工程量计算规范》（GB 50854—2013），下列关于装饰装修工程量计算，正确的有（　　）。

A. 天棚抹灰应扣除柱垛、柱所占面积

B. 天棚灯带按设计图示以长度计算

C. 标准金属门按设计图示数量计算

D. 金属平开窗按设计图示洞口尺寸以面积计算

E. 铝合金窗帘盒按设计图示尺寸以面积计算

78. 根据《房屋建筑与装饰工程工程量计算规范》（GB 50854—2013），天棚吊顶按设计图示尺寸以水平投影面积计算，（　　）。

A. 扣除间壁墙、检查口和附墙烟囱的所占面积

B. 不扣除柱垛和管道所占面积

C. 扣除单个>0.3m^2 的孔洞面积

D. 锯齿形顶棚面积展开计算

E. 格栅吊顶按设计图示尺寸以水平投影面积计算

79. 根据《房屋建筑与装饰工程工程量计算规范》（GB 50854—2013），下列有关分项工程工程量计算，正确的有（　　）。

A. 瓦屋面按设计图示尺寸以斜面积计算

B. 膜结构屋面按设计图示尺寸以需要覆盖的水平投影面积计算

C. 屋面排水管按设计室外散水上表面至檐口的垂直距离以长度计算

D. 屋面变形缝按设计尺寸以面积计算

E. 柱保温按柱中心线高度计算

80. 下列关于措施项目说法正确的有（　　）。

A. 挑脚手架按水平投影面积计算

B. 混凝土模板支架可以按平方米或者立方米计算

C. 排水、降水可以按照深度计算

D. 文明施工项目包含“五牌一图”

E. 环境保护包含文明施工项目

附录 B 答案

题号	1	2	3	4	5	6	7	8	9
答案	D	D	C	B	D	D	D	C	D
题号	10	11	12	13	14	15	16	17	18
答案	D	A	D	B	B	B	C	B	D
题号	19	20	21	22	23	24	25	26	27
答案	D	B	B	D	A	C	D	B	B
题号	28	29	30	31	32	33	34	35	36
答案	B	B	A	A	B	D	C	D	A
题号	37	38	39	40	41	42	43	44	45
答案	C	C	B	B	D	B	A	A	D
题号	46	47	48	49	50	51	52	53	54
答案	C	B	D	D	D	C	A	C	A
题号	55	56	57	58	59	60	61	62	63
答案	C	C	C	A	A	D	AB	BD	BCE
题号	64	65	66	67	68	69	70	71	72
答案	ACDE	DE	ACDE	ABCE	BCE	BCDE	ACDE	ABDE	BC
题号	73	74	75	76	77	78	79	80	
答案	CD	BCE	BC	ACD	CD	BCE	ABC	BD	